よみがえる

非ユークリッド幾何

足立恒雄
ADACHI Norio

日本評論社

まえがき

本書は『数学セミナー』誌に2017年4月号から1年間連載した記事を大幅に加筆修正したものである．その内容は古典幾何，すなわちユークリッド幾何，双曲幾何（ボーヤイ=ロバチェフスキの幾何），楕円幾何（リーマンの幾何）の厳密な基礎付けと，これらの幾何学の関係の解説である．本書で与える結果のいくつかを列記すると次のようである（ただし，表現はおおざっぱで，正確には本書の中で与えられる）：

1. ユークリッド幾何と双曲幾何を述語論理によって厳密に展開する．
2. ユークリッド幾何のモデルはデカルト座標平面，双曲幾何のモデルはポアンカレの上半平面モデルに同型であるという基本定理を証明する．
3. 広く楕円幾何まで含めた古典幾何学のモデルを扱う鏡映理論を紹介する．とくに直線がアルキメデスの公理を満たさないような場合を含めて，古典幾何のモデルの分類を与える．

少し言葉を追加しよう．クライン（F. Klein：1849-1925）によって古典幾何のモデルが射影平面の運動群の部分群によって統制されることが解明されたこと（1871：英訳[35]），さらにヒルベルトの『幾何学の基礎』（1899：[8]）によってユークリッド幾何の厳密な基礎付け，すなわちその公理系が明示的に与えられ，すべての証明が演繹的に進められる道が与えられたことはよく知られている．しかし，これらは古典幾何学の研究の完成を意味するものではなく，始まりであった．というのは，クラインやヒルベルトの仕事は（直線が実数体の性質を持つと仮定した）実古典幾何学に関して行われたものだったからである．

現在のように整備された述語論理を備えた現代数学の観点に立つと，ヒルベルトによる幾何学の基礎付けには不十分な点が見受けられる．例えば，直線が実数体とは限らない順序体の構造を持っている場合には古典幾何学のモデルはどのように分類されるのかという問題が考えられる[1]．これについて，第12章ではドイツで発展した鏡映理論による楕円幾何まで含めた古典幾何のモデルの

1）エウクレイデス『原論』の幾何学は実ユークリッド幾何ではなく，平方根の存在を認めるだけのユークリッド的順序体上の幾何学である．

分類を紹介したが，日本語でこれらの結果を目にすることができるのはハーツホーン[37]の翻訳で簡単に触れられている以外はなかったと思われる(英語でも，Ewald[31]の英訳しか見当らない).

本書の第11章までは，タルスキ他の研究書[29]に従って，ユークリッド幾何と双曲幾何を厳密に基礎付ける．すなわち公理系を述語論理によって記述し，証明を演繹的に与える．これにより，ややもするとあやふやに済まされているモデルと理論との違いが明確になる．そもそも，「ロバチェフスキやボーヤイは公理系から苦労して証明したのだが，(ポアンカレなどの)モデルを使えば，こんなに簡単に証明できるのだ」といった趣旨の記述を読んで，モデルで成り立ったからと言って，どうして公理系から演繹的に証明できると言えるのだろうか，という疑問を抱いたのが，私が幾何学の基礎付けに関心を持ったきっかけであったのだが，私に限らず，普通に数学を学んだ人間にとって，このあたりは一種のウイークポイントなので，モデルと理論の関係を峻別して詳述したことは強調しておくに値すると思う．

その結果，たとえばユークリッド幾何のモデルはすべてある順序体上のデカルト座標平面に同型なのだから，デカルト座標平面で証明できる命題はユークリッド幾何の公理系から演繹的に(形式的に)証明できるということを明示することができた．もちろん双曲幾何についても同様のことが成り立つ[2)]．こうした作業に先立って，『原論』第I巻の命題31までを一括して公理系から厳密に導出したのも特徴の一つである．

本書とそのもとになった連載を書く際に，多くの方々のお世話になったが，ここでは次の方々を特記して謝辞を述べたい．

第一に，菊池誠さん(神戸大学)を挙げねばならない．菊池さんは，モデルと理論の関係についていろいろ暗中模索している頃，基礎論について素人である私の陥っていた七転八倒に付き合い，関連するモデルや幾何学基礎論に関する文献を数多く見つけてくださった．そして結局のところその中にあったタルスキ学派の研究の集大成[29]のおかげで疑問を解決する方向性が定まり，最終的には本書の形に結実したのだった．要するに，菊池さんなくしてこの本は考えられないのである．

佐藤文広さん(立教大学名誉教授)には連載中丁寧に原稿を読んでいただき，貴重な意見をいただいた．ハーツホーンの稀に見る名著[37]を翻訳された難波誠さん(大阪大学名誉教授)には鏡映理論を扱った第12章を読んでいただき，これも貴重な意見をいただいた．また伊吹山知義さん(大阪大学名誉教授)のおかげで，鏡映理論において大きな貢献をしたW.ペーヤスが存命であることを突き止め，連絡を取ることができた．また命題8.1(座標体がユークリッド的順序体であることと円直線交叉公理の成り立つことの同値性)の簡単な証明をご教示いただいた．最後に，本書に間に合わせることはできなかったのだが，構造(モデル)の理論である鏡映幾何の公理系の1階論理による簡潔な形式化を薄葉季路さん(早稲田大学)の多大な協力の下に完成することができた．以上の方々に改めて感謝の意を表したい．

2019年7月23日　足立恒雄

2) ただし実古典幾何の場合は，1階論理ではないので，ゲーデルの完全性定理は適用できない(2階論理では完全性定理は成り立たない)．しかし，高階論理における証明の概念は確立していないため，モデルの範疇性(互いに同型であること)によって，モデルで成り立つことが証明できるということなのだと言えるだろう．

目次

第0章

非ユークリッド幾何小史

コペルニクスとロバチェフスキがもたらした
二つの革命は，どちらも人類の宇宙観に関す
る革命であったという重要な共通点を持つ.
——W. クリフォード

本章では幾何学の基礎を本格的に展開するために必要な予備知識を鳥瞰的に整理する．厳密な定義や証明は後に与えるので，ここではあまり細部にはこだわらなくてよい.

0.1 平行線公準

大ざっぱに言えば，エウクレイデス『原論』の公理系において平行線公準(第5公準)を否定して得られる幾何学の体系を非ユークリッド幾何学と称する．ここに平行線公準とは次のように述べられる命題である：

E　ユークリッド幾何の平行線公準

2直線を切る直線があって，それらのなす内対角の和が2直角より小さい(すなわち$\alpha+\beta<2\angle R$)ならば，2直線は交わる(図0.1参照，次ページ).

『原論』の幾何学は非ユークリッド幾何学の成立に伴いユークリッド幾何学と呼ばれるようになったのだが，ユークリッド幾何では直線の長さは有限ではありえないこと，直線上では点が順序関係を満たすこと等が成り立つので，平行線(すなわち交わらない2直線)は必ず存在する．たとえば『原論』第1巻，命題28で示されているように，図0.1において内対角の和が2直角 ($\alpha+\beta=$

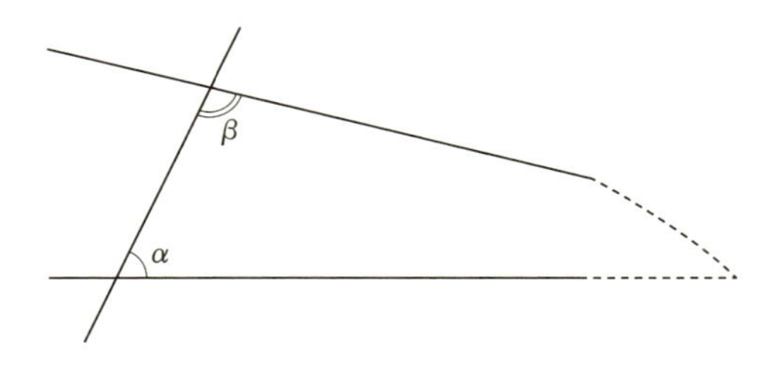

図 0.1

$2\angle R$）であれば，2 直線は平行である．したがって平行線公準を否定するということは $\alpha+\beta<2\angle R$ を満たす平行線が存在することを前提することになる．このような幾何学が整合的な（すなわち，矛盾を生じない）理論として存在し得ることは 1820 年代にガウス（C. F. Gauss：1777–1855），ロバチェフスキ（N. I. Lobachevsky：1792–1856），ボーヤイ・ヤーノシュ（Bolyai János：1802–1860）の 3 人によって，ヤーノシュの父ファルカシュの言葉に従えば，「春になればスミレの花があちこちで一斉に咲き出すように」まったく独立に発見された．あるいは「創造された」と言っても同じことである．

この非ユークリッド幾何学をロバチェフスキ=ボーヤイの幾何学，あるいは双曲幾何学と呼ぶ．双曲幾何の発見に先行してサッケーリ（G. G. Saccheri：1667–1733）やランベルト（J. H. Lambert：1728–1777）は平行線公準を否定した場合に成り立つ定理としていくつかの命題を証明していた．しかし，それらの結果は直観的真理に反するとして，かれらはあくまでもユークリッド幾何が正しいと認めた．ここで，伝統的な意味での幾何学とは，われわれが住む現実の空間で成り立つ数学的理論のことを意味するのであって，単なる数学的理論のことではないことに注意する必要がある[1)]．当時の人たちはしばしば「真の幾何学」とか「アプリオリな直観」というような言葉を使うが，これは現実の空間の幾何的性質と経験等によって形成された自分の心理的空間直観とを無意識的に同一視して考えた結果である．これはニュートン力学の成立以降，宇宙空間がユークリッド幾何的な無限領域を成すと信じられるようになっていたことにも関係するだろう．なお，ギリシア哲学では宇宙は有限的だとする思想が主流だったから，幾何学と宇宙の数学的構造とは分けて考えられていた可能性が高い（アリストテレス『天体論』第 5 章参照）．

0.2 双曲幾何学

今，図 0.2 において $\angle \mathrm{CAB} = \angle \mathrm{DBA} = \angle R$（直角）であるとし，X を線分 BC 上の点とする．半直線 AX を考えると，あるものは直線 BD に交わり，あるものは交わらない．したがって，その中間点 E で，X が C と E の間にある場合は直線 BX は直線 BD と交わらず，X が B と E の間にある場合は直線 BX は直線 BD と交わるものが存在するはずである．直線 AE が直線 BD と点 G で交わるとすると，G の近くを通る直線も BD と交わることになって，E の性質に矛盾するので，直線 AE は直線 BD と交わらないことがわかる．これを，A を通る直線 BD の限界平行線と呼び，$\angle \mathrm{BAE}$ を線分 AB の平行角と名付ける．限界平行線が直線 AC（すなわち E = C）である場合がユークリッド幾何であり，それ以外の場合が双曲幾何である．このように考えると双曲幾何も当時反発を買ったほど論理的には異様な代物ではないことが知られるだろう．

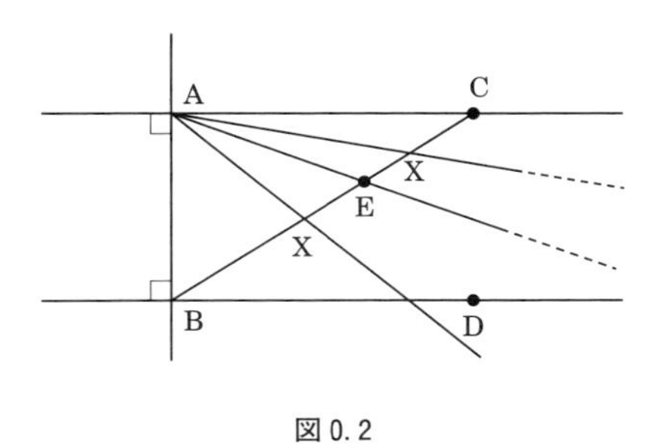

図 0.2

双曲幾何学で成り立つ命題をいくつか紹介しよう：

(1) 三角形の内角の和は 2 直角より小さい．

(2) 限界平行線は漸近線である．すなわち図 0.2 において半直線 AE と半直線 BD は限りなく近付いていく．

(3) （ボーヤイ=ロバチェフスキの公式）x を線分の長さとし，その平行角を $\Pi(x)$ とすると

$$\tan \frac{\Pi(x)}{2} = e^{-x/k}$$

1) 同じことが解析学にも言えて，微積分学は宇宙の物理現象の数理を厳密に記述していると信じられていた．

が成り立つ．ここに e は自然対数の底，k は x と無関係な定数を表す．

(4) (タウリヌスの公式)三角形ABCの頂点A, B, Cの対辺を a, b, c と表すと，上の k について

$$\cosh\frac{a}{k}=\cosh\frac{b}{k}\cosh\frac{c}{k}-\sinh\frac{b}{k}\sinh\frac{c}{k}\cos A$$

が成り立つ．ここにcosh, sinhはそれぞれ双曲線余弦関数，双曲線正弦関数を表す．すなわち，

$$\cosh x=\frac{e^x+e^{-x}}{2},\qquad \sinh x=\frac{e^x-e^{-x}}{2}.$$

球面三角法の公式

$$\cos\frac{a}{k}=\cos\frac{b}{k}\cos\frac{c}{k}-\sin\frac{b}{k}\sin\frac{c}{k}\cos A$$

において球の半径 k を形式的に ki (ここに i は虚数単位)で置き換えるとタウリヌスの公式が得られる．さらに，タウリヌスの公式において級数展開を考え，$k\to\infty$ とすると平面幾何の三角法の公式

$$a^2=b^2+c^2-2bc\cos A$$

が得られる．

このようにして，ユークリッド幾何と整合的な「ある種の幾何学」の存在を知ることができ，タウリヌス(F. A. Taurinus：1794-1874)，シュヴァイカルト(F. K. Schweikart：1780-1857)といった人たちは双曲幾何を手にしたと言って差し支えないレベルに達していたのだが，それでもユークリッド幾何が正しい幾何であると信じて疑わなかった．その理由としては，ガウスなどに比べると成果が断片的であり，体系立っていなかったこともあるが，それよりは当時勢力のあった観念的な哲学の呪縛から逃れられなかったことが挙げられよう．

ガウスの親友であり，ボーヤイ・ヤーノシュの父親であるボーヤイ・ファルカシュ(Bolyai Farkas：1775-1856)も息子の成果を信じられなかった一人である．かれはボーヤイ=ロバチェフスキの公式に含まれる定数 k の不定性，言い換えれば，平行角 $\Pi(x)$ を決定する方法が存在しないことに疑問を抱いた．自然界が実在しているのに，決定できない定数が基本的役割を果たすとは何事か？ また，なぜ突然(初等幾何とは無関係のはずの)自然対数の底 e が息子の公式に登場するのか，まったく不自然であるという二つの事実をもって息子の仕事を信じようとしなかったのだった[2]．

ガウスは実際に測地することによって，われわれの住む空間がユークリッド的ではないことを立証できるかもしれないと考えたようである．ドイツの三つの山の頂上の成す三角形を測地したのはそういう意図があったと見られる．一方，ロバチェフスキは，それよりは大きな三角形を使って内角の和が2直角ではないことを示そうとした．地球と太陽と恒星(たとえばシリウス)を使ったのであるが，目的を達するには至らなかった．そこでロバチェフスキは，われわれの住む巨大な空間が仮にユークリッド的であろうとも，分子の関係するような極微の空間においては非ユークリッド幾何が成り立つのではないかと考えたりもした．

ボーヤイはこれに対して絶対幾何という概念を考え出した．これは先述の限界平行線の定義において特別の場合に平行線公準Eとなるのを見ればわかるように，定数kを定めないでおき，無数の幾何を特別の場合として持つ総合的な幾何学だと考え，これを絶対幾何と呼んだと説明することができる．

三人の中ではガウスが最も早く双曲幾何に到達したと思われるが，頑迷な哲学者や神学者の拒絶反応を恐れて私信で考えを述べる以外には何も公刊しなかった．したがって双曲幾何発見の栄誉はロバチェフスキとボーヤイに帰するのではあるが[3)]，数学王ガウスが新しい幾何学を温めているらしいという評判が世間に広まり，それが双曲幾何の受け入れに肯定的な役割を果たしたという功績は否めないだろう．

0.3 『原論』の現代化

現代数学の観点から検討すると『原論』の公理系はきわめて不備であることがわかっている．たとえば，しかるべき配置にある二つの円が交点を持つことを仮定しなければ，正三角形の存在を保証する，『原論』の巻頭の命題すら証明できない．ヒルベルト(D. Hilbert：1862-1926)は『幾何学の基礎』[8]とその付録においてユークリッド幾何学ならびに双曲幾何学に完全な公理系を与えた．この著作は現代数学の幕開けとされる金字塔である．

『原論』では，平面図形に対する解析的連続性は一切使われていない．たとえ

2) 双曲幾何成立までの先駆的な研究成果については，近藤洋逸[23]，Bonola[13]，さらに詳細にはEngel=Stäckel, “*Die Theorie der Parallellinien von Euklid bis auf Gauss*”(1895)参照．

3) ロバチェフスキは1823年に論文として，ボーヤイは1831年に父の著作の付録として，結果を刊行している．かれらはそれ以前に双曲幾何に到達していたと見られるが，公刊時期という点ではロバチェフスキの方がいくらか早い．

ば連続関数 $y = f(x)$ が $f(0) = 1$, $f(1) = 3$ を満たすとすれば，$f(a) = 2$ を満たす $x = a$ $(0 < a < 1)$ が存在することは中間値の定理(これは解析的連続性の一形である)の保証するところであるが，『原論』ではそうした原理を認めていない．たとえば，先に限界平行線の存在を説明したが，その証明をよく吟味してみると，そこには解析学で良く知られたデデキントの切断の考え方が暗黙の裡に使われていることがわかる．このように古代の幾何学と近世の幾何学には道具立てに大きな違いがある．ルジャンドル(A. M. Legendre：1752-1833)の『幾何学原論』([6]：1794)の証明がしばしば直観的と指摘されるのも，こうした解析的連続性を使っているからである．ボーヤイ=ロバチェフスキの公式に自然対数の底が登場するのも，証明に解析学の手法(正確に言えば，関数等式 $f(x+y) = f(x)f(y)$ の解)を使っていることに起因する．こうした不備を取り除き，『原論』の幾何(1 階初等幾何)と解析的連続性を認める幾何(2 階幾何)との違いを公理系の形で明確にしたのはタルスキ(A. Tarski：1902-1983)学派の功績である．たとえば，平行線公準から三角形の内角の和は 2 直角であることが証明できるが，逆に三角形の内角の和が 2 直角であるという仮定から平行線公準 E を証明することは，1 階初等幾何では，不可能である(6.4 節参照)．

0.4 リーマンの貢献

ガウスたちは平行線公準だけを選択の余地ありとみなしたが，現代数学の立場から言えば，すべての公理に選択肢がありえる．つまり公理は理論の前提命題にすぎない．それは，幾何学と言えども，実在の現象世界の数理だけを研究対象としているのではないからでもある．たとえば，直線が有限の長さを持つことを前提にし，それ以外の公理をほとんど変更しない形で得られる楕円幾何学はリーマン(B. Riemann：1826-1866)によって考察された(1854 年)．現在では，双曲幾何および楕円幾何を合わせて**非ユークリッド幾何**と呼ぶ習慣になっている．本書ではさらに，ユークリッド幾何と非ユークリッド幾何を**古典幾何**と総称することにする．曲面論の観点からは，古典幾何は定曲率を持つ曲面として特徴付けられる．正の定曲率の場合が楕円幾何，負の定曲率の場合が双曲幾何，そして曲率が 0 である場合がユークリッド幾何(放物幾何と呼ばれたこともある)である．

リーマンは，連続性の使用を認める幾何を越えて，それまでよりはるかに解析学や集合・写像の概念を自由に使う，いわゆるリーマン幾何を創始した(1854 年)．その業績はゲッチンゲンを中心とする数学者のサークルの共通知識となっていったが，論文が1868年まで公刊されなかったこともあって，広く普及することはなかった．また数学が高度に発展して，（平行線問題の研究などとは異なり）一般知識人の手の届かない存在になりつつあったことも指摘される．社会的に非ユークリッド幾何が受け入れられるようになる機運は非ユークリッド幾何のモデルが発見されたことによって促進された．

現在ポアンカレやクラインの名前を冠して呼ばれている種々の非ユークリッド幾何のモデルは，実際にはベルトラーミ(E. Beltrami：1835-1900)によって与えられたものであることが知られているが(1868年：Stillwell編[35]に英訳あり)，簡明のため本書では慣行の名称に従うことにする．

双曲幾何の，ユークリッド平面内における，モデルの一つであるポアンカレの上半平面モデルを説明しよう．ポアンカレ(H. Poincaré：1854-1912)は保型関数の研究のためにこうしたモデルを用いたのであった(1882年)．

H^+ を複素平面の上半平面とし，これを「平面」とする．H^+ における「直線」を，実軸に直交する上半直線と実軸上に中心を持つ上半円周のいずれかであるとする(図0.3参照)．また「点」と「角」とは H^+ の通常の点と角とする．「直線」を「直線」に移す H^+ の1次分数変換を合同変換と定義する．このとき，「平面」H^+ 内の2「点」を結ぶ「直線」はただ一本存在する，線分はいくらでも延ばせるといった公理がすべて満たされるが，平行線は無数に存在することが図0.3から容易に知られる(「直線」α と「直線」β は限界平行線の関係にあり，β と γ は交わらないが，限界平行ではない)と同時に，三角形の内角の和が2直角より小さいこともわかる．

また，球面 S において対蹠点(原点Oを中心として対称な点)を同一視するという方法によって得られる曲面 S^* を「平面」と観て，大円を「直線」と定義し，空間の直交変換を合同変換と定義すると，楕円幾何が得られ，ここでは三角形の内角の和は2直角より大きい．

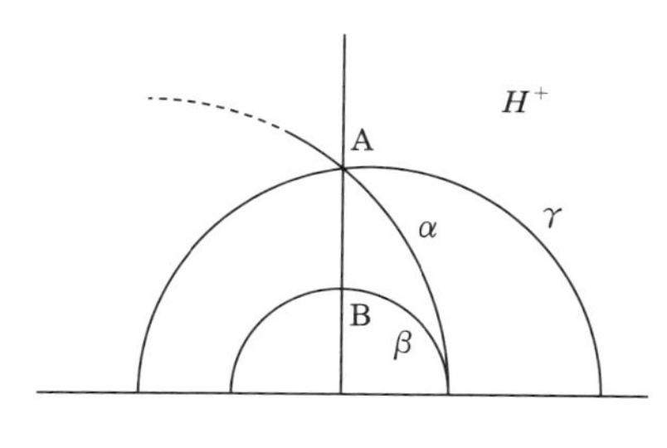

図0.3

このようなモデルの存在が，一般知識人の世界で非ユークリッド幾何が受け入れられる機運を高めたことに疑いはない．こうした潮流を代表する人物としてクリフォード(W. Clifford：1845-1879)を挙げることができる．クリフォードはリーマンの思想を敷衍して，空間の曲率が時間とともに変化し得るのではないか，とか，物質そのものの存在を含め，種々の物理現象が空間の曲率の変化に起因して生じるのではないかといった興味深い思想を表明した．平行線公準のような思い込みは人類の持つ客観的な認識能力の限界に基づくのではないかというような哲学的に興味深い考えも述べている．

さらに少し時代が下って，ポアンカレは啓蒙書『科学と仮説』(1902)において「あらゆる結論は前提を仮定している」ことを強調し，「幾何学の公理は先験的総合判断でもなければ，実験的事実でもない．…公理は仮装した定義にすぎない」と喝破して知識人の世界に大きな影響を与えた．

こうした思想が浸透する一方で，観念論哲学の影響の強い西欧においては，いわゆる意味の「直観」に反すると思われる非ユークリッド幾何は単なる論理の遊戯にすぎず，実在の空間はユークリッド的であると考える哲学者や神学者の一群も存続した．こうした勢力に対して最後の一撃を加えたのはロバチェフスキ，リーマン，クリフォード等の思想を物理学の世界で実現したアインシュタイン(A. Einstein：1879-1955)の相対性理論(1905年：特殊相対性理論，1916年：一般相対性理論)であっただろう．

アインシュタインはリーマン幾何を用いて重力場を説明したのだが，現実の宇宙では重力によって曲率が変化するという物理的事実によって頑迷な抵抗勢力は一掃されたと言える[4)]．人は物の世界で決定的な証拠を挙げられるのではなければ，先験的と信じる(実は，後天的に形成されたか，あるいは種としての制約に起因する)「直観」なるものの誤りを認めることはできないのであろう．非ユークリッド幾何の効用についてアインシュタインは「幾何学が現実を束縛しているわけではないということを知って初めて，私は相対性理論を生み出すことができたのだった」(『幾何と経験』：[14])と語っている．このように，数学は公理系に基づく仮説的真理の世界であって，現象世界を扱う物理学とは，いかに関係が深かろうとも，それは理論とモデルの関係であって，明確に異なる学問であると認識されるようになったのも，非ユークリッド幾何学が幕を開けた数学革命のもたらした結果である．

---

4) 最後までユークリッド幾何の真理性を疑わなかった数理哲学者フレーゲと論理主義との関係については『数学セミナー』2018年3月号における拙稿を参照願いたい．

第1章

非ユークリッド幾何をめぐる三つの疑問

1.1 なぜ非ユークリッド幾何を？

非ユークリッド幾何の創造が数学思想史上に果たした役割はきわめて大きい．それまでは現実の宇宙の幾何学的構造を完璧に表現していると考えられていたユークリッド幾何学が実は選択の余地のある公理系に基づいて作り上げられた一つの理論体系にすぎないことを明らかにしたのだからである．また哲学的には，幾何学が先験的（アプリオリ）な空間直観に基づく，経験とは無関係な学問であるという思想を粉砕したのである．だが，さらにはアインシュタイン（A. Einstein; 1879-1955）が「数学の命題は，それらが現実と関連を持つならば確実ではなく，またそれらが確実であるならば現実との関連を持たない．数学における公理主義という思想によって初めて，この間の事情が完全に明白になったのである」と『幾何学と経験』（1921；[14]）において喝破しているように，数学という学問の本性は何であるかという認識が非ユークリッド幾何の誕生を触媒として大きな変革を受けたのである．そしてその影響は数学における変革にとどまらなかった．アインシュタインはさらに，「幾何学が現実世界を束縛しているのではないのだということを知って初めて私は相対性理論を生み出すことができた」と続けている．つまり単にリーマン幾何があったから相対性理論が作れたというような「数学＝道具」観を述べているのではなく，数学に束縛される必要がないことを悟ったおかげで物理学に革命を起こすことができたと語っているのである．

今となっては，数学における公理主義はあまねく浸透しており，「公理主義」などと事々しく言うと，かえって反発を買う恐れがあるほどに陳腐化している．一時はやった言葉で言えば，公理主義はまさしくパラダイムの転換であった．しかし，その果たした役割の大きさの割には，非ユークリッド幾何の創造はいったい何だったのか，その歴史的意義が大方忘れられているのではないだろうかと私には思われる．忘れられたというのが言いすぎだとしても，その意義が過去との対比において十分に理解されなくなっているとは言えるだろう．そして続いて1899年に出たヒルベルトの『幾何学の基礎』([8])という19世紀数学と20世紀数学の分水嶺となる偉大な著作の持っている意義も公理主義の浸透と同時に半分以上忘れ去られているように思われるのである．先輩方から伝え聞くところでは，まだ十分に古い型の数学が色濃く残っていた1940年代，50年代の日本では『幾何学の基礎』は新時代の数学の息吹を伝える「伝道の書」として語られていたのだが，今ではユークリッド幾何の現代的公理化という以外に，この本に何が書かれているか知っている人は，ほとんどいない．

元来，Grundlagen der Geometrie，英語で言えばThe Foundations of Geometryは「幾何学基礎論」と訳するのが適切な，一つの部門名であって，歴史的には数学基礎論の先駆けという位置付けだったと思われる．「無限について」とか「数学基礎論の諸問題」などのヒルベルトの論文がこの本の付録として収録されているのがその証拠であろう．その幾何学基礎論は以後どうなったのか，公理主義を高々と掲げて新時代を告げて使命を終え，現在では研究すべきことは何も残されていないのだろうか．

以上のような問題意識の下に，非ユークリッド幾何創造とヒルベルトの主唱した公理主義から始まった数学革命の意義について改めて考えてみるきっかけにしたいというのが本書の目的の一つである．

1.2 素朴な疑問

非ユークリッド幾何(ここでは特にロバチェフスキやボーヤイが創造した双曲幾何を指す)は，物理学と数学の間に截然とした区別が付かなかった時代に登場して，数学的真理とは何かという問題の解決を迫り，数学史上の一大革命を齎したのだが，その後まもなく登場したリーマン幾何や，さらには多様体論といった数学の陰に瞬く間に隠れてしまった．そして双曲幾何という言葉は，数学の世界では双曲多様体，幾何学的群論といった研究分野を生み出した母胎といった位置付けに収まっているのではなかろうか．脚光を浴びたのはほんの一時期だけで，今や現代数学の誕生の地となったというだけの一種の歴史的存在に見えるのである．その理由は，おそらくは**古典幾何学**(ユークリッド幾何，双曲幾何，楕円幾何の総称)は，それまで得られていた結果がすべて，定曲率を持つ2次元のリーマン多様体という観点から統一的に導くことができるようになり，ことさらに勉強する必要がないということになったせいであろう．

私が非ユークリッド幾何に関心を持ったのはフレーゲ(G. Frege; 1848-1925)の『算術の基礎』([7])を勉強したのがきっかけである．この本の中で「正曲率の空間」という言葉が使われているのを見て，フレーゲは幾何学についてどの程度の知識を持ってこういうことを述べているのかに関心が涌いた．調べてみるとヒルベルトとの往復書簡には現在の目から見るととても旧弊な，ゲッチンゲンで数学を学んだという経歴が嘘としか思えないようなことが記されている．彼は「人は二人の主人に仕えることはできない．真理と虚偽の両方に仕えることはできないのである．もしもユークリッド幾何が真なら，非ユークリッド幾何は偽である．そして非ユークリッド幾何が真なら，ユークリッド幾何は偽である」(1900年ころか?)とまで書き残しているのである．

ヒルベルト(D. Hillbert; 1862-1943)は最も初期にフレーゲを認めた数学者であるが，後年になっても「フレーゲ，デデキント，カントール，この三人の偉大な共同作業によって，ついに無限の概念は王座に上る日を迎え，最高の栄誉に輝くことになった」(『ワイァシュトラス追悼講演』(1925)：[8]に付録Ⅷ『無限について』として所収)と語っている．デデキント(R. Dedekind; 1831-1916)，カントル(G. Cantor; 1845-1918)と並べて称揚されるということは，20世紀初頭に生きていた数学者の中で最高の評価を受けたということである．実際，『算術の基礎』は数概念の本質を究めた歴史的名著であるし，そもそも算術(自然数論)を厳密に展開するために開拓した述語論理はアリストテレスと並べて語られるほどの業績である．そのような業績をあげた人がどうして先に述べたような幾何学観を持ち得るのだろうかという疑問を私は抱いたのだった．

フレーゲの幾何学観をさらに知るためには，とりあえず非ユークリッド幾何が当時どのようなものとして捉えられていたかを知らねばならないが，またそれ以前に当然非ユークリッド幾何とはどういうものかをある程度わきまえている必要がある．しかし私は実は非ユークリッド幾何については高校生くらいのときにロバチェフスキやボーヤイの悲運を語る物語的数学史を読んだ程度の知識しか持ち合わせていない．というようなことで，まず非ユークリッド幾何の勉強をすることから始めることになった．

それで読んだ本が寺阪英孝[30]，近藤洋逸[23]，小林昭七[34]の三冊であった．いずれも名著と呼ぶにふさわしい本で，得るところ大であった．しかし，その過程で，以下に述べるような三つの疑問を持った．若いころだって同じような疑問を持っても良かったようなものだが，すでに平凡な数学的知識と化していることなのだから手早く済ませたいという気持ちばかりが強かったのだろう，ゆっくり考えながら読むことができなかったに違いない．

ともあれ，以下に，簡単に解決できる順序でそれらの疑問を述べてみよう．

1.3 第一の疑問

詳細はおいおい述べることにして，本章では高校数学の直感的な幾何のレベルで考えることにし，平行線公準 E 以外は仮定されているとする．なお，エウクレイデス(英名：ユークリッド)『原論』では，たとえば「同じものに等しいものはまた互いに等しい」といった，推論に必要とされる類の基本命題を公理と呼び，幾何学的な基本命題を公準(要請)と呼んでいるので，それに従って平行線公準と言うが，べつに平行線公理と呼んでも差し支えはない．

第 0 章で述べたユークリッド幾何の平行線公準 E が次の命題（プレイフェアの公準とも呼ばれる）と同値であることは周知としよう：

ユークリッド幾何の平行線公準(別形)

直線 ℓ の上にない点 A を通り，ℓ と交わらない直線はたかだか一本である．

非ユークリッド幾何では「限界平行」を単に「平行」と呼ぶ本が多いが，本書では，一貫して，平面における 2 直線が「平行」とは「交わらない」ことであるとする．また本書では，3 次元以上の空間は特殊な例外を除き扱わないので，常に平面幾何を想定することにする．

『原論』第 I 巻では，命題 28 まで平行線公準が使われていないことは周知の通りである．命題 27 および命題 28 では，図 1.1 のような配置にある 2 直線は，錯角，あるいは同位角が等しいか，あるいは内角の和が 2 直角であれば，平行

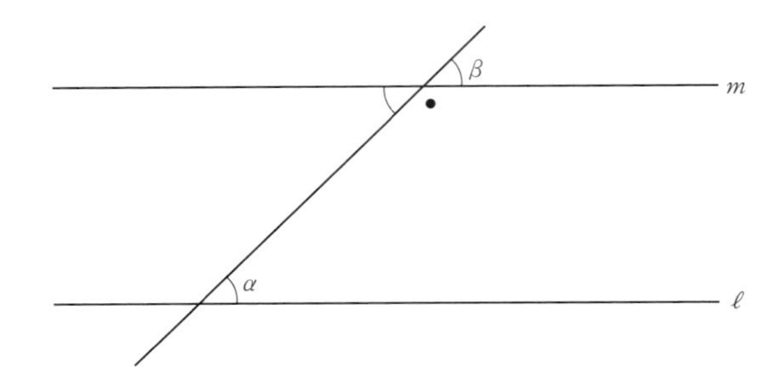

図 1.1　$\alpha=\beta$ ならば ℓ は m に平行である

であることが証明されている．すなわち，平行線の存在証明には平行線公準Eは必要ではない．したがって特に，上記「ユークリッド幾何の平行線公準(別形)」においては「たかだか1本である」を「1本だけである」と言い換えることができる．すなわち，平行線が存在しない，いわゆる**楕円幾何**は，さらに別の公準も変更しないと登場しない概念である．

さらに命題29では2直線が平行であれば，これらと交わる直線の成す錯角，あるいは同位角が等しいことが証明されている．この証明には平行線公準が使われる．言い換えれば，平行線公準が仮定されていないなら，2直線が平行であっても，内対角の和が2直角であるというようなことは成り立たないのである．

ついでに命題30についても述べると，ここでは平行関係が推移律を満たすことが証明されている．すなわちα,β,γを3直線とし，$\alpha\|\beta$かつ$\beta\|\gamma$であれば，$\alpha\|\gamma$が成り立つ．この証明にも平行線公準が使われる．ここに$\ell\|m$はℓとmが平行，あるいは一致することを意味する記号である．

定義1.1 図1.1のような配置にある2直線，すなわち$\angle A = \angle B = \angle R$を満たす2直線を，本書では，点A, Bにおいて**基準的平行**であると言う．

平行線公準Eが仮定されていない場合には，上のような定義が必要となるのは当然であろう．

図1.2のように直線ℓと点Aが与えられているとし，Aからℓに下した垂線の足をBとする．仮にユークリッド幾何の平行線公準が成り立たないとしよう．すなわち，Aを通ってℓと交わらない直線がABと垂直な直線ℓ'(基準的平行線)以外にも存在すると仮定するのである．

「直線ABをAのまわりに反時計回りに回転していくと，初めてℓと交わら

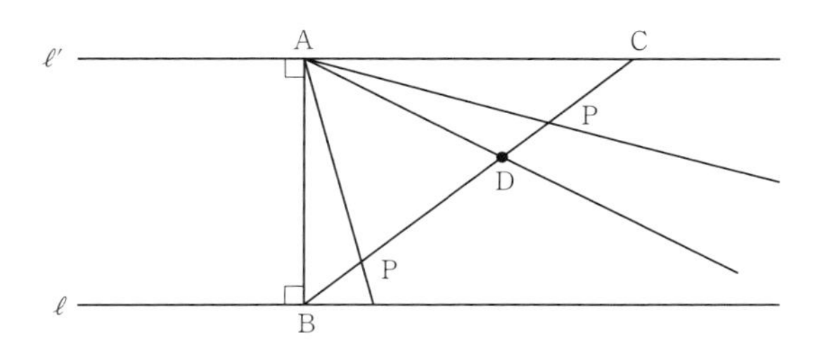

図1.2

ない直線がある」とどの本にも書かれている(たとえば小林[34]，44 ページ).
ここでちょっと引っかかるものがないだろうか？

ℓ との交点がだんだん遠くなっていくといつまでも交わっているわけにはいかなくなって，ぷっつりと初めて交わらない直線(限界平行線)が生じるというのだが，話が直感的で，これではそうした直線の存在をきちんと証明したことにはならないのではないか，というのが一つ目の疑問である．

この疑問の解決は容易である．先の図で，ℓ' 上に A と異なる点を取り，C とする．線分 BC 上の点 P を取り，直線 AP を引く．P がある範囲(左組と呼ぼう)にあれば AP は ℓ と交わるが，ある範囲(右組と呼ぼう)では AP は ℓ とは交わらない．つまり線分 BC 上の点は右左の 2 組の点に分けられることになる．ここで境目の点が存在することは直線が解析的な連続性を備えていること，つまりデデキントの切断公理が成り立つことが保証してくれる．その点を D としよう．直線 AD は ℓ と交わるだろうか，交わらないだろうか？

交わるとすれば，D のごく近所の点 E についても直線 AE は ℓ 交わるはずであるから，これは D が境目の点だということに反する．したがって直線 AD は ℓ に交わらない．すなわち，限界平行線の存在が示せたことになる．ただし，ここには『原論』には一切登場しない直線の連続性という高度な原理が使われていることが注目される．したがって，解析的な連続性を仮定しない**『原論』レベルで双曲幾何を論じる場合は，限界平行線の存在は公準として仮定しなくてはならない**ことだ，ということを知るのである．

1.4 第二の疑問

さてユークリッド幾何の平行線公準(別形)の否定命題が，「直線 ℓ と ℓ の上にない点 A を与えると，A を通り，ℓ と交わらない直線は少なくとも 2 本ある.」となると思う人は，本書の読者にはいないはずである．そのはずだけれども，ふだん目にする非ユークリッド幾何の本では必ず上の主張を「平行線公準の否定命題」としている．当然のことながら，平行線公準(別形)の否定命題は

平行線公準の否定命題

ある直線 ℓ とその上にない点 A が存在して，A を通り，ℓ と交わらない直線は少なくとも 2 本ある．

でなくてはならない．

わかり易くするために，$P(\mathrm{A}, \ell)$ という記号で，「点Aが直線 ℓ 上にないならば，点Aを通り，直線 ℓ と交わらない直線は1本だけである」という主張を表すとしよう(ここでは主張をわかり易くするために論理記号を流用しているだけであるから，記号の使い方には神経をとがらせないでいただきたい)．このとき

$$\exists \mathrm{A} \exists \ell \ P(\mathrm{A}, \ell) \Longrightarrow \forall \mathrm{A} \forall \ell \ P(\mathrm{A}, \ell) \tag{1.1}$$

が明らかでないことは言うまでもないことである．つまり，ある点と直線の組み合わせでユークリッド的であるからといって，全平面のどんな点と直線の組み合わせでもユークリッド的であるという保証はないのである．

詳細は本章の補遺1.6に任せることにして，結論を述べるなら，直線に対して，次のアルキメデスの公理を認めるならば，(1.1)は証明できる．そして対偶を考えてみれば(1.1)において P を $\neg P$ に置き換えてもよいことがわかる：

Am　アルキメデスの公理

線分ABと線分CDが与えられているとする．このとき自然数 n を

$$n \cdot \mathrm{AB} > \mathrm{CD}$$

が成り立つように選ぶことができる(図1.3参照)．

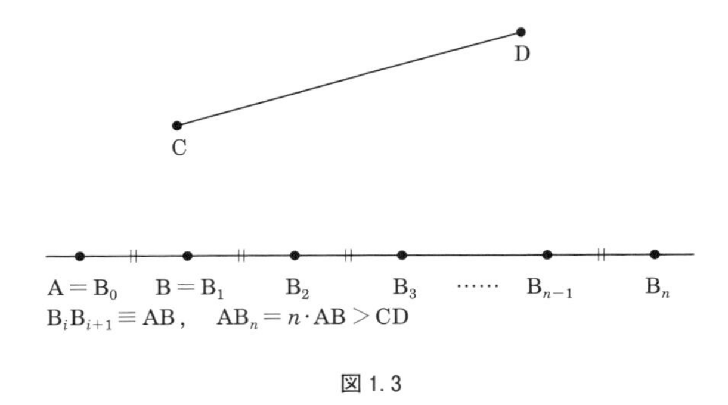

図1.3

すなわち，線分ABがどんなに短く，線分CDがどんなに長くとも，ABをいくつもつなぎ合わせて行けば，CDの長さを超えることができるというのがアルキメデスの公理である．

初等解析学で知られているようにアルキメデスの公理は解析的な連続性から証明できる．したがって，**解析的な連続性を認めるならば，ある点と直線の組み合わせで非ユークリッド的なら平面全体の点と直線の組み合わせで非ユーク**

リッド的となり，しかも非ユークリッド的なら，必然的に限界平行線が存在することになる．つまりいわゆる双曲幾何となるのである．つまり解析的連続性を認めるなら，平行線公準を除外した幾何学は双曲幾何（ここでは限界平行線が存在する）かユークリッド幾何（ここでは平行線はただ1本だけ引ける）しかありえないことになる．

しかしながら，連続性公理を仮定しないなら，どういうことになるのか．『原論』をよく読むと，比例論において，線分の長さが互いに比較できるという形でアルキメデスの公理が仮定されているにしても，解析的な連続性という大掛かりな道具はまったく使われていないのである．従来の（少なくとも日本で見かける）幾何学の本では，連続性公理が使えると認めているのかどうか，アルキメデスの公理なら使えると認めているのかどうか，明確にされていないことがほとんどで，直観的な証明が多いとされるルジャンドルの本[6]のことを余りとやかく言えないような印象を受ける．ユークリッド幾何と一口に言っても，与えられた単位線分から定規やコンパスを何回か使うだけで作りえる図形を扱う，いわゆる初等幾何学と，一方では，微積分学まで含めた連続性を使える幾何学とでは大きな違いがあることを，まず認識しておきたい．

1.5 第三の疑問

最後の疑問を要約して書くと，「非ユークリッド幾何のモデルで成り立つ命題はその公理系から証明できるのか」という疑問である．たとえば，小林[37]には

> これらの（双曲幾何の三角法の）公式は，Lobachevsky や Bolyai が得たものであるが，彼らは公準1〜4を仮定し，平行線公準を否定するという公理的立場から公式を導いたのであって，それに比べれば，具体的なモデルを使って公式を証明するのはずっと容易なことである（74-75ページ）．

と書いてある．また寺阪[30]にも

> このモデルを使うと，平行線角の公式などもロバチェフスキーの天才はなくても，ただの計算だけで出せる．いまとなっては三天才の苦労した道を追って非ユークリッド幾何に達することは不要になってし

まった(199-200 ページ).

と書かれている.

そこでフと思ったのだが,「モデルで成り立ったなら,公理系から証明できる」と確言できるのだろうか? そんなことは気にならない,そんな古臭いことは基礎論屋に任せておけば良いんだ,と言う有名な数学者もいる.しかしながら,「モデル」というのは,つまりは「実例」にすぎない.別のモデルを持って来ればどうなるのかが気にならないだろうか? 少なくとも私はそれが気になったので,この問題の解決のためにそれから何年も古ぼけた真空管みたいな頭を酷使して勉強したのであるが,結論を得るためには,ヒルベルトが与えた幾何学の公理化をさらに徹底する必要があることがわかった.

以上述べた三つの疑問から,古典幾何は定曲率の2次元リーマン多様体であるという観点には収まりきらない部分があることを読者は理解されたのではなかろうか.つまり古典幾何は述語論理を使って簡潔に記述できる公理系を与えることができて,モデルと理論との関係を論じることが可能な体系であるのに対し,リーマン幾何の方は連続性や微分を抜きにして語ることは考えられないし,そのような体系に都合のよい形式化が可能かどうかもわからないのである.一言で要約すれば,射影幾何を含めて古典幾何は数学と基礎論的考察の交錯する珍しい分野であるということになるだろう.

1.6 補遺　アルキメデスの公理を使うと

次の命題を証明する:

命題1.1 直線に対するアルキメデスの公理 Am が成り立つとする.このとき,ある点と直線の組み合わせでユークリッドの平行線公準が成り立つならば,平面全体においてユークリッドの平行線公準が成り立つ.第1.4節で使った記号で言えば,

$$\exists \mathrm{A} \exists \ell \ P(\mathrm{A}, \ell) \Longrightarrow \forall \mathrm{A} \forall \ell \ P(\mathrm{A}, \ell)$$

が成り立つ.

平行移動と回転を施すことによって,図1.4(次ページ)のような設定の場合に,$P(\mathrm{A}, \ell)$ の仮定の下に $P(\mathrm{B}, \ell)$ を証明すればよいことがわかる.そこで次の補題を準備しよう:

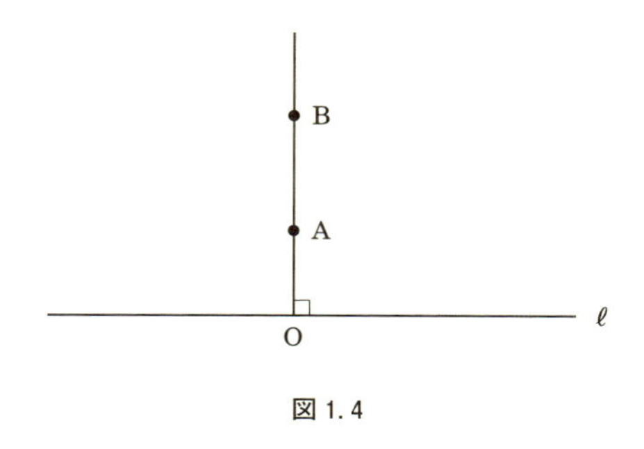

図 1.4

補題1.1 図 1.4 のような設定であるとし，$P(\mathrm{A}, \ell)$ が成り立つとする．このとき次の二つの場合は $P(\mathrm{B}, \ell)$ が従う．

(1) B が A と O の間にある場合
(2) A が B と O の間にあって，$\mathrm{AB} \equiv \mathrm{OA}$ が成り立つ場合

証明 (1) 仮に B を通り ℓ と交わらない直線が基準的平行線以外に存在するとして，それを m とする(図 1.5 左参照)．A を通り m に対する基準的に平行な直線を m' とすると，m' は仮定 $P(\mathrm{A}, \ell)$ によって ℓ と交わる．その交点を C とする．m は CO には交わらないので m は m' に交わることになって矛盾を生じる(厳密には，パッシュの公理(第 3 章参照)を使う)．

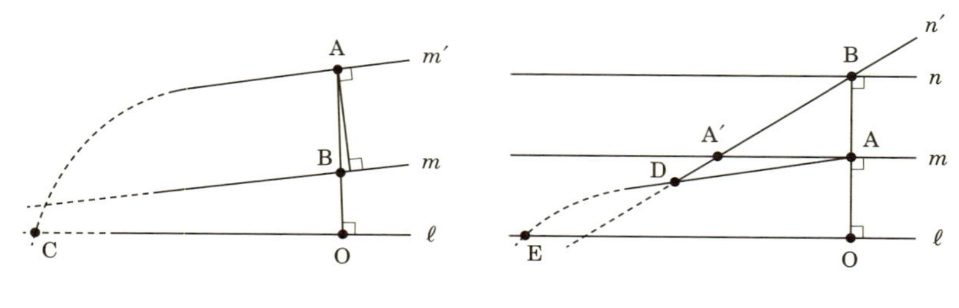

図 1.5

(2) $\mathrm{AB} \equiv \mathrm{OA}$ とする(図 1.5 右参照)．A, B を通る ℓ に対する基準的平行線を m, n とする．n' を B を通る，n 以外の直線とする．$\mathrm{OA} \equiv \mathrm{AB}$ と $P(\mathrm{A}, \ell)$ が成り立つことにより，図形の合同関係から，$P(\mathrm{B}, m)$ も成り立つことがわかる．ゆえに n' は m と交わる．その交点を A′ とする．D を線

分 BA′ の延長線上で，ℓ と m の間にある点とする．直線 AD は ℓ と交わるので，その交点を E とする．三角形 OAE において直線 n' は辺 AE と交わるので，パッシュの公理により，辺 OE とも交わる．ゆえに $P(\mathrm{B}, \ell)$ である．□

証明　**命題 1.1 の証明**

補題 1.1(2) を使えば，OB の長さが OA の n 倍(n は自然数)であっても $P(\mathrm{A}, \ell)$ から $P(\mathrm{B}, \ell)$ が従うことがわかる．さらに OB がどんな長さであっても，OA の長さの n 倍の方が大きくなるように n を取ることが可能であることを認めれば，すなわちアルキメデスの公理を認めれば，どんな B に対しても補題 1.1(1) により $P(\mathrm{A}, \ell)$ から $P(\mathrm{B}, \ell)$ が従う．□

第2章

理論とモデルの関係

第1章に述べた三つの疑問，とりわけ第三の疑問「非ユークリッド幾何のモデルで成り立つ命題は公理系から証明できるか」という問題を考えるためには，証明とは何か，モデルで成り立つとはどういうことかが正確に理解されていないと話が始まらない．そういうわけで，本章ではこうした話題について基礎事項を整理しよう．さらに詳細を知りたい人には新井[47]の第1章，あるいは菊池[48]の第2章，第3章をお薦めする．

2.1 構造

理解しやすくするために，一番簡単な代数的構造である加群を例にとろう．数学の本では，加群は表現上の少々の違いを除けば，次のように定義される：

定義2.1 加群

M を空でない集合とする．M の2項演算(すなわち，$M \times M$ から M への写像) $+$ と単項演算(すなわち，M から M への写像) $-$，および M の定元 0 が与えられていて，次の4条件を満たすとき構造 $(M, +, -, 0)$ は加群をなすと言われる：

1. $\forall x \in M \, \forall y \in M \, \forall z \in M \, (x+(y+z) = (x+y)+z)$
2. $\forall x \in M \, \forall y \in M \, (x+y = y+x)$
3. $\forall x \in M \, (x+0 = x)$
4. $\forall x \in M \, (x+(-x) = 0)$

ここで，$\forall x \in M$ は「M のすべての要素 x に対して」という言葉を記号化して書いたものである．たとえば1．は「M のすべての要素 x, y, z に対して $x+(y+z) = (x+y)+z$ が成り立つ」という意味である．

この加群の定義で注目すべきことは，$\forall$ の後に続く変数の動く範囲が一定の集合 M であることである．こういう場合には「**1階述語論理**」（略して**1階論理**）で書かれていると称する．これはそうではない例を考えると理解しやすい．

たとえば，加群 M がねじれ(torsion)を持たないという条件を考えてみよう：

$$\forall n \in \mathbb{N} \forall x \in M (n \geqq 1 \land x \neq 0 \to nx \neq 0)$$

ここに $\mathbb{N}$ は自然数域，すなわちすべての自然数 $0, 1, 2, \cdots$ のなす集合である．また nx は x を n 個加えた要素を表す．すなわち

$$0x = 0, \qquad (k+1)x = kx+x$$

である．また $\land$ は「かつ」，そして $\to$ は「ならば」という言葉を記号にして書いたものである．ここでは変数は「自然数域 $\mathbb{N}$」と「加群 M」の両方にわたって動いているから1階ではない．しかし，ねじれを持たないという条件を1階論理で書けないわけではない．それには条件を羅列して

$$\forall x \in M (x \neq 0 \to 2x \neq 0)$$
$$\forall x \in M (x \neq 0 \to 3x \neq 0)$$
$$\forall x \in M (x \neq 0 \to 4x \neq 0)$$
$$\cdots\cdots$$

とすれば良いのである．ただしこの場合は条件が無数の式になっていることに注意しなければならない．このことをしばしば

$$\forall x \in M (x \neq 0 \to nx \neq 0) \qquad (n = 2, 3, 4, \cdots)$$

というように略記することはご承知のとおりである．

次に M がねじれ加群であるという条件を考えてみよう．$\exists x \in X(\cdots)$ を「…なる X の元 x が存在する」という言葉の省略記号として，

$$\forall x \in M \exists n \in \mathbb{N} (n \neq 0 \land nx = 0)$$

を満たす加群がねじれ加群である．この場合，1階論理にするためには，$\lor$ を「または」と読むとして，

$$\forall x \in M (x = 0 \lor 2x = 0 \lor 3x = 0 \lor \cdots)$$

と無限に長い式を書かねばならないが，これは普通の数学で認められる形式ではないので，ねじれ加群という概念は，1階論理で表すことはできないことになる．

2.2 形式的理論

構造を考えるときは，ベースとなる集合(加群ならM)が想定されている．つまりそういう意味では，構造は集合という「物」の世界であると言える．公理系とそのモデルの関係を論じるときには，問題にしている公理系を物の世界から分離して，単なる記号の世界において論じる必要がある．すなわち，公理系においてすでに集合が表れているのでは，構文論(シンタクス)と意味論(セマンティクス)の分離が十分ではないのである(もちろん，Mは単なる記号であって，集合ではないと断る方法もあり得る)．

実例として，次のような形式的な式の集まりを考えてみよう：

1. $\forall x\forall y\forall z(x+(y+z)=(x+y)+z)$
2. $\forall x\forall y(x+y=y+x)$
3. $\forall x(x+0=x)$
4. $\forall x(x+(-x)=0)$

この四つの式の集まりを**加群の理論**と呼び，T と名付けよう．T は先に述べた加群の定義と形の上ではほとんど違いがない．しかし，ここでは，土台となる集合が想定されていない．$\forall$ も x,y などの文字も何を意味するか決まっていないし，さらには $+,-,0$ が何なのかも決まっていない．ただ単に一定の規則に従って並べられた記号の列なのである．

少しもとに戻って，こうした記号列の取り決めについて整理しておこう．

まず**言語**とは，目標とする形式的理論を記述するためのアルファベットのことである．たとえば加群を定義したいなら，言語 L として

$\{+,-,0\}$

を採る．これを「加群の言語」と名付ける．私の言語感覚では，「言語」と言えば，たとえば日本語のような体系を連想するので，あまり好ましい術語だとは思わないが，郷に入りては郷に従うことにする．一般化して定義を書けば，

定義2.2 言語

定数記号，関数記号，関係記号(あるいは述語記号)を非論理的記号(あるいは数学的記号)と言い，非論理的記号の集合を言語と言う．

加群の言語の場合で言えば，0 は定数記号，$+,-$ は関数記号である．加群の

言語では関係記号はない．たとえば自然数に対する大小関係 $\leqq$ は関係記号である．

次に，項(term)を定義する．項とは，数学にしたとき，数や式などの対象を表すことになる記号の組み合わせである：

定義2.3　項

1. 変数記号，定数記号は項である．
2. f を n 項関数記号，そして $t_1, \cdots, t_n$ を項とするとき，$f(t_1, \cdots, t_n)$ は項である．

述語論理では非論理的記号のほかに**論理的記号**が用いられる．それらは等号 $=$，変数記号 x, y, z, u, v, etc.，および

$\neg$,　$\rightarrow$,　$\forall$

である．ここに $\neg$ は解釈するとき「否定」を意味することになる記号である．

数学における命題という概念は，その言葉の使用の歴史が長い割には，詳細は割愛するが，意外なことにかなり最近になって正確な定義を与えられた．命題をその一種として含む論理式(formula)という概念を定義しておく：

定義2.4　論理式

1. R を n 項関係記号とし，$t_1, \cdots, t_n$ を項とするとき，$R(t_1, \cdots, t_n)$ は論理式である．なお，等号 $=$ も 2 項関係記号として扱う．
2. φ, ψ が論理式のとき，
   $(\neg\varphi)$,　　$(\varphi \rightarrow \psi)$
   は論理式である．
3. x を変数記号，φ を論理式とするとき，
   $(\forall x\, \varphi)$
   は論理式である．

表現を簡略にするために，$((\neg\varphi) \rightarrow \psi)$ を $\varphi \vee \psi$ と，$(\neg(\varphi \rightarrow (\neg\psi)))$ を $\varphi \wedge \psi$ と，また $(\neg(\forall x(\neg\varphi)))$ を $\exists x\, \varphi$ と略記することができるものとする．また，かっこ (,) は容易に判別できる場合は省略されることが多い．

なお，$\neg, \rightarrow$ の代りに，たとえば $\neg, \vee$ を論理的記号として採用し，$\varphi \rightarrow \psi$ を $\neg\varphi \vee \psi$ の略記とすることも可能である．

全称量化子(universal quantifier)と呼ばれる $\forall$ と一緒に使われる変数，つま

り $\forall x$ の x は**束縛変数**と言い，束縛変数でない変数を**自由変数**と言う．自由変数は数学の中ではパラメータという名前で古くから登場してきたと言える．自由変数を持たない論理式を**閉論理式**，あるいは**文**と言う．この文がわれわれが普通，**命題**と呼んでいるものの形式化である．

次に**理論**とは，文の集合のこととする．理論は空集合でも良いし，言語Ｌの，ある構造で成り立つようなすべての文の集合でも良い．普通の数学では，**公理系**と呼ばれるものに相当するが，公理系は命題の数が最小になるように採るというような暗黙の了解があったりするから，少しニュアンスが異なる．しかし，数学者の慣行として，理論の代りに公理系と言うことも多い．たとえば加群の理論を加群の公理系と言うが如しである．

2.3 モデル

Ｔを言語Ｌの理論として，Ｔのモデルという概念を説明しよう．具体例で考える方が容易だから，今はＬを加群の言語，Ｔを加群の理論とする．

M を空でない集合として，$\forall x\,\varphi$ を「M のすべての要素 x に対して φ が成り立つ」と，また $\exists x\,\varphi$ を「φ なる M の要素 x が存在する」と解釈し，$\vee, \wedge, \neg, \rightarrow$ をそれぞれ「あるいは」，「かつ」，「ではない(否定)」，「ならば」と解釈し，定数記号 0 を M のある要素 0_M，2項演算記号 $+$ を $M \times M$ から M へのある写像 $+_M$，また単項演算記号 $-$ を M から M へのある写像 $-_M$ として解釈するとき，加群の理論Ｔのすべての文がこの解釈によって素朴な集合論の意味で真となる(成り立つ，あるいは満たされると言っても同じである)とき，構造 $(M, +_M, -_M, 0_M)$ は加群の理論Ｔの**モデル**であると言う．この「理論とそのモデル」の考え方が任意の言語とその文の集合の場合に一般化されることは容易に理解されるであろう．

本章の冒頭で加群を定義したが，それを今の定義に従って述べ直せば，加群とは加群の理論Ｔのモデルのことであるということになる．ただ 0_M 等といちいち添え字 M を記すのは煩わしいので，理論における記号とそのモデルにおける解釈の記号を区別しないで書いたのである．

定義2.5　論理的帰結

Ｔをある言語Ｌの理論とし，φ をＬの文とする．Ｔを解釈した，いかなるモデルにおいても φ が真であるとき，

$$\mathrm{T} \vDash \varphi$$

と記し，φ は T の**論理的帰結**(logical consequence)であると言う．

この論理的帰結という術語にも，いささか心理的抵抗がある．その定義のどこにも logic が関係していないからである．semantic consequence という言葉の方が意味の上では良いように思う．いずれ素人のタワゴトなのだろうが．

2.4 証明

1 階述語論理の体系は論理的公理と推論規則を定義することによって定まる．これらの定義の仕方には種々の方法があるが，ここでは菊池[48]を借用することにする．新井[47]でもほとんど同じである．

以下，L を言語，T を L の理論とする．

定義2.6　論理的公理

φ, ψ, ρ を論理式，x を変数とする．以下の五つを論理的公理とする：

1. $\varphi \to (\psi \to \varphi)$
2. $(\varphi \to (\psi \to \rho)) \to ((\varphi \to \psi) \to (\varphi \to \rho))$
3. $(\neg\varphi \to \neg\psi) \to (\psi \to \varphi)$
4. $\forall x\,\varphi \to \varphi[t/x]$，ここに $\varphi[t/x]$ は φ の自由変数 x をすべて項 t で置き換えた論理式である．
5. $\forall x(\varphi \to \psi) \to (\varphi \to \forall x\,\psi)$，ただし φ は x を自由変数として含まない．

定義2.7　等号公理

φ を論理式，x, y, z を変数とする．次の二つを論理的公理に追加する：

1. $\forall x(x = x)$
2. $\forall x\,\forall y(x = y \to (\varphi[x/z] \to \varphi[y/z]))$

定義2.8　推論規則

次の二つの推論規則は上式から下式を結論して良いことを保証する：

1. **モドゥス・ポーネーンス**[1)]

$$\frac{\varphi \quad \varphi \to \psi}{\psi}$$

2. **全称化**

$$\frac{\varphi}{\forall x\, \varphi}$$

全称化は，たとえば$x+y=y+x$という式があったとすれば，これから$\forall x \forall y(x+y=y+x)$を導いて良いという意味内容を持っている．

以上の論理的公理と推論規則を持った，言語Lで定まる体系を$\mathfrak{S}_{\mathrm{L}}$と記すことにする．

定義2.9　証明

Tを言語Lの理論とし，φをLの論理式とする．$\mathfrak{S}_{\mathrm{L}}$において，論理式の有限列$\psi_1, \cdots, \psi_n$がTから論理式$\varphi$を導く(形式的)証明であるとは，$\varphi=\psi_n$であって，各$\psi_i$は$\mathfrak{S}_{\mathrm{L}}$の論理的公理であるか，Tの要素であるか，あるいはあるψ_j $(j<i)$から$\mathfrak{S}_{\mathrm{L}}$の推論規則を施して得られたものであるという条件を満たすことを言う．またTからφを導く証明が存在するとき，φはTの**定理**である，またφはTから**証明可能**であると言って

$$\mathrm{T} \vdash \varphi$$

と記す．

注　なお，高階論理における証明という概念は確立していないのではないかと思われる．

2.5 完全性定理

ゲーデル(1929)によって証明された完全性定理は整数論のハッセの原理(あるいはlocal-global principleとも)を連想させる美しく重要な定理である(証明は新井[47]，菊池[48]を参照)．

完全性定理

Tを言語Lの理論とし，φをLの文とするとき，

$$\mathrm{T} \models \varphi \Longleftrightarrow \mathrm{T} \vdash \varphi.$$

ただし，$\Longleftarrow$ の方向は健全性と呼ばれる，論理的体系に当然要求される性質である．

ハッセの原理が2次形式のような特別な場合でないと成り立たないように，完全性定理も，種々の拡張が可能であるにしても，基本的には1階論理という前提が必要である．すなわち高階論理に対しては完全な形では成り立たない．

古典幾何の場合，量化子の変数の動く領域は点の集合ばかりではなく，直線の集合でもあり，さらには連続性も使われたりするから，たとえばヒルベルトの与えたユークリッド幾何の公理系を1階論理で記述されているとみなすことは容易ではない．百歩譲って，仮に何らかの工夫で1階論理で捉えられるとしても，一つのモデルで成り立つからといって公理系から証明できると言えないことは明らかである．では寺阪さんや小林さんが述べていることはまるでナンセンスなのだろうか？

ところで，ハーツホーンはこの問題について次のように書いている([37]邦訳I，83ページ)：

> 最後に，公理系は完全であるかという問題がある．すなわち，公理系のすべてのモデルで成り立つ命題は，公理系から結果として証明されるか，という問題である．ゲーデルは，相応に豊富な任意の公理系が，完全ではあり得ないことを示している．

この文章は意味不明である．それは完全性定理と不完全性定理に出てくる「完全」という言葉を混同したことに起因するだろう．完全性定理の「完全」は，体系 $\mathfrak{S}_L$ が意味論的に(整数論のアナロジーで言えば，locally everywhere に)成り立つ命題を形式的に証明するのに十分な能力を備えているという意味であろう．「公理系が完全」というのは「公理系から任意の命題が証明可能か，あるいはその否定命題が証明可能である」が定義であって，「すなわち」で始まる文章は「すなわち」になっていない．その後の文章は不完全性定理に言及しているのだが，この種の問題をこういう表面的な理解で語るのは大変危険である．

パガレロフ『幾何学の基礎』([24])は実双曲幾何に関するすぐれた著作であるが，これにも「完全性」という実に奇妙な概念が導入されていて，1階と高階論理がまったく区別されていない．基礎論の基礎知識の欠如が数学者の共通の弱点であることがここに露呈している．

1) モドゥス・ポーネーンス(modus ponens)はラテン語で，押出論法(あるいは規則)といった意味の言葉である．たしかに式 ϕ が押し出されてくるので気分は出ている．

第3章

絶対幾何の公理系

ヒルベルトの『幾何学の基礎』([8])におけるユークリッド幾何の公理系(以下，**ヒルベルトの公理系**と呼ぶ)は，現在でも多くの幾何学書に踏襲されている．本章では，ヒルベルトの公理系のうち平行線公準を除いた，いわゆる絶対幾何の公理系を述べる．ただし本書では考察を簡単にするため，平面幾何に限定する．絶対幾何というのはボーヤイの与えた術語なのだそうだが，要するにユークリッド幾何と双曲幾何に共通して成り立つ命題を研究する学問である．

3.1 方針

ヒルベルトの公理系においては，変数は点を動くものと直線を動くものの2種類がある．したがって，このままでは1階論理では書けない．しかし，変数が平面の集合全体を動くわけではないから完全な2階論理というわけでもない．

タルスキ(A. Tarski; 1901–1983)とその生徒たちは公理から直線の変数を消し去り，点の関係だけに還元することに成功した．タルスキ学派が実現した公理系(**タルスキの公理系**と呼ぶ)の研究は[29]に集大成されているが，それによると，実直線の持つ解析的連続性以外の公理はすべて，点を表す変数だけで，したがって1階論理で表現される．そういう訳でヒルベルトが実現した幾何学の厳密な公理化はタルスキ学派によって補完され，形式的体系として完成されたと評価できる．

われわれは，a, b を2点とするとき，「直線 ab」という言い方をする．つまり2点でもってその2点を通る直線も表しているのである．これが基本的アイデアである．

タルスキの公理系は簡潔だが技巧的で，直観性が犠牲にされている感がある．そこで，本書では，ヒルベルトの公理系の原型をできるだけ保ちながら，直線という概念を消去することを目標とする．以下では，まず数学で普通に使われる用語を使って記述し，続けてそれらを1階論理で表現することにする．ただし，自明な場合は記号化を省略することもある．

形式的理論として記述する場合には，言語は $\{\mathrm{B}, \mathrm{D}\}$ である．B は3項関係で，$\mathrm{B}(a, b, c)$ は「点 b は点 a と点 c の間にある」と読む．また D は4項関係で，$\mathrm{D}(a, b, c, d)$ は「線分 ab は線分 cd と合同である」と読む．

ヒルベルトの公理系は，結合に関する公理群，間の関係に関する公理群，合同に関する公理群，連続性公理，平行線公理の五つのグループに分かれる．

3.2 結合の公理群 A

結合[1]（association）の公理群 A を述べる前に，まず**共線的**（collinear）という概念を定義する：

$$\mathrm{Col}(a, b, c) \Longleftrightarrow \mathrm{B}(a, b, c) \vee \mathrm{B}(b, c, a) \vee \mathrm{B}(c, a, b).$$

また，a, b, c が相異なる3点であることを $\neq(a, b, c)$ と記す：

$$\neq(a, b, c) \Longleftrightarrow a \neq b \wedge b \neq c \wedge c \neq a.$$

A1 共線的でない3点が存在する：

$$\exists a \exists b \exists c (\neq(a, b, c) \wedge \neg \mathrm{Col}(a, b, c)).$$

A2 与えられた2点を通る直線は一本だけである：

$$\forall a \forall b \forall c \forall d (\mathrm{Col}(a, b, c) \wedge \mathrm{Col}(a, b, d) \rightarrow \mathrm{Col}(a, c, d) \wedge \mathrm{Col}(b, c, d))$$

3.3 間の公理群 B

間（betweenness）の公理群 B は次のとおりである：

B1 点 b が点 a と点 c の間にあるならば，a, b, c は異なる3点である：

$$\forall a \forall b \forall c (\mathrm{B}(a, b, c) \rightarrow \neq(a, b, c)).$$

B2 点 b が点 a と点 c の間にあるならば，b は c と a の間にある：

$$\forall a \forall b \forall c (\mathrm{B}(a, b, c) \rightarrow \mathrm{B}(c, b, a)).$$

---

1) 結合は英語では incidence だが，間（between），合同（congruence）と併せて A, B, C と続くのがおもしろくて，association としてみた．

B3　2 点 a, b に対し，$\mathrm{B}(a, x, b)$ を満たす点 x と $\mathrm{B}(a, b, y)$ を満たす点 y が存在する：

$$\forall a \forall b (a \neq b \rightarrow \exists x \mathrm{B}(a, x, b) \wedge \exists y \mathrm{B}(a, b, y)).$$

B4　3 点 a, b, c が共線的ならば，その中の 1 点だけが他の 2 点の間にある：

$$\forall a \forall b \forall c (\mathrm{B}(a, b, c) \rightarrow \neg \mathrm{B}(b, a, c) \wedge \neg \mathrm{B}(a, c, b)).$$

B4 を認めると楕円幾何は除外される．

B5　**パッシュの公理**

直線 α は三角形 abc の頂点を通らないとする．もし α が辺 ab と交わるならば，α はまた辺 bc または辺 ca と交わる（図 3.1 参照）：

$$\begin{aligned}&\forall a \forall b \forall c \forall p \forall q [\mathrm{B}(a, q, b) \wedge \neg \mathrm{Col}(a, b, c) \\ &\quad \wedge \neg \mathrm{Col}(p, q, a) \wedge \neg \mathrm{Col}(p, q, b) \wedge \neg \mathrm{Col}(p, q, c) \\ &\quad \rightarrow \exists x \{\mathrm{B}(p, q, x) \wedge (\mathrm{B}(a, x, c) \vee \mathrm{B}(b, x, c))\}].\end{aligned}$$

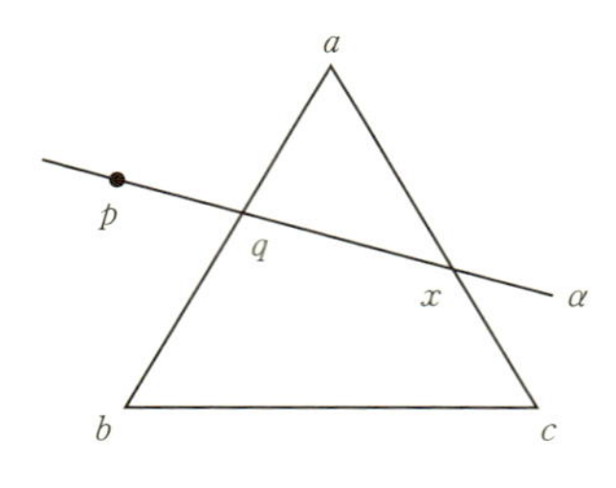

図 3.1

直線 α に関して点 x, y が**同じ側にある**という関係を

$$x \sim y \Longleftrightarrow x = y \vee \neg \exists z \in \alpha \mathrm{B}(x, z, y)$$

によって定義すれば，この関係 $\sim$ は同値律を満たすことが，パッシュの公理を使って容易に示せるので，読者各自確認していただきたい．なお，$\exists z \in \alpha (\cdots)$ は a, b で定まる直線を α として $\exists z (\mathrm{Col}(a, b, z) \wedge \cdots)$ を略記したもので，今後もこういう略記法をしばしば使う．

『原論』で暗黙裡に使われている諸命題の中でもパッシュの公理は最も有名なものである．パッシュ（M. Pasch；1843–1930）の先駆的な業績についてはヒルベルト[8]の邦訳に収められたフロイデンタール(H. Freudenthal；1905-1990)による『「幾何学の基礎」とその前後』に詳しい．

3.4 合同の公理群C

この節では線分の**合同**(congruence)を扱う．

C1 D(a, a, p, q) ならば $p = q$ である．

C2 D(a, b, b, a) が成り立つ．

C3 D(a, b, p, q) かつ D(a, b, r, s) ならば D(p, q, r, s) である．

以下，D(a, b, c, d) を見慣れた形の $ab \equiv cd$ と表す．

定理3.1 線分の合同関係 $\equiv$ は同値律を満たす．すなわち次が成り立つ：

1. $ab \equiv ab.$
2. $ab \equiv cd$ ならば $cd \equiv ab.$
3. $ab \equiv cd$ かつ $cd \equiv pq$ ならば $ab \equiv pq$ である．

証明 C2から

$$ba \equiv ab, \qquad ba \equiv ab$$

これにC3を適用すると1．が得られる．ほかも同様であるから読者の演習とする． □

ヒルベルト以降，数学者の書いた初等幾何学書(たとえばハーツホーン[37]，あるいは『岩波数学辞典』の「幾何学基礎論」の項を見よ)では，点 a, b の非順序対 $\{a, b\}$ を「線分」ab と名付ける，と定義されている．しかし，この「定義」はやや疑問である．というのは，この定義では集合に関する知識が混入してくるからである．この定義に従えば，C2，すなわち $ab \equiv ba$ は自明ということになる(実際，そう書かれている)．しかし，D は無定義述語であるという前提からすれば，C2が「自明」ということはあり得ない．Tarski[3]にはさすがにこういうおかしなことは書かれていない．

C4　線分の複写

点 c を始点とする与えられた半直線上に，与えられた線分 ab と線分 cd が合同となるような点 d がただ一つ存在する(図 3.2 参照)：

$$\forall a \forall b \forall c \forall p (a \neq b \wedge c \neq p \rightarrow \exists ! d (\mathrm{B}(p, c, d) \wedge cd \equiv ab)).$$

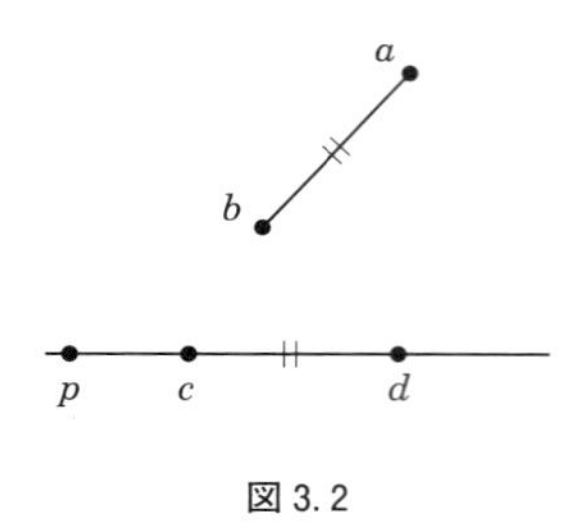

図 3.2

$\exists !$ は「ただ一つ存在する」という意味を持つ便宜上の記号である．すなわち，

$$\exists ! x\varphi \Longleftrightarrow \exists x \varphi(x) \wedge \forall x \forall x' (\varphi(x) \wedge \varphi(x') \rightarrow x = x').$$

C5　線分の和

$\mathrm{B}(a_1, b_1, c_1)$ かつ $\mathrm{B}(a_2, b_2, c_2)$ とする．$a_1 b_1 \equiv a_2 b_2$ かつ $b_1 c_1 \equiv b_2 c_2$ ならば $a_1 c_1 \equiv a_2 c_2$ である．

これは，線分を $\equiv$ で類別して，その同値類の和（つなぎ合せ)を代表元(線分)で定義したとき，矛盾なく定義されていることを保証する公理である．線分の大小関係も同様に定義され，線分の同値類は全順序集合となる．証明は容易なので省略する(ハーツホーン[37]，命題 8.4 参照)．

相異なる 3 点 a, b, c が共線的ではないなら，a, b, c は**三角形**をなすと言い，$\triangle abc$ と表す：

$$\triangle abc \Longleftrightarrow \neq(a, b, c) \wedge \neg \mathrm{Col}(a, b, c)$$

三角形の合同を次のように定義する：

定義3.1　三角形の合同

三角形 $a_1 b_1 c_1$ が三角形 $a_2 b_2 c_2$ に合同であるとは，対応する 3 辺が相等しいことである．すなわち

$$\triangle a_1 b_1 c_1 \equiv \triangle a_2 b_2 c_2 \Longleftrightarrow a_1 b_1 \equiv a_2 b_2 \wedge b_1 c_1 \equiv b_2 c_2 \wedge c_1 a_1 \equiv c_2 a_2.$$

C6　5辺公理

三角形$a_1b_1c_1$が三角形$a_2b_2c_2$に合同で，$\mathrm{B}(a_1, b_1, d_1)$なる点$d_1$と$\mathrm{B}(a_2, b_2, d_2)$なる点$d_2$に対して$b_1d_1 \equiv b_2d_2$が成り立つならば$c_1d_1 \equiv c_2d_2$が成り立つ．すなわち三角形$b_1d_1c_1$も三角形$b_2d_2c_2$に合同である(図3.3参照)．

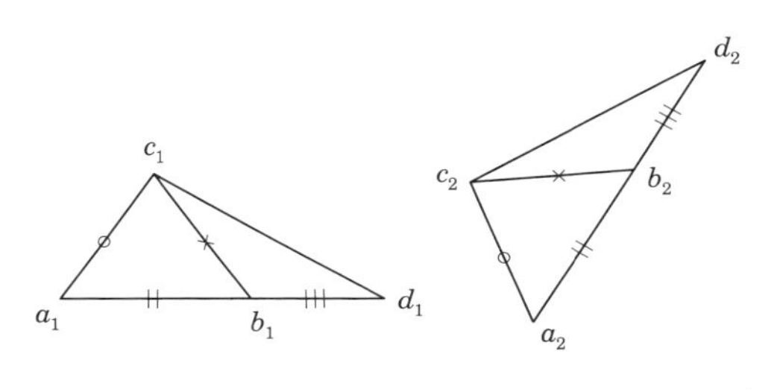

図3.3

これは，ヒルベルトの公理系にはなく，タルスキの公理系に採用されて，簡素化のために重要な役割を果たす公理である．

3.5 角の合同の定義

ヒルベルト[8]を始め，一般の数学者の書いた幾何学の本には一様に，「角が等しい」ことに対する無定義述語を導入しているが，三角形の合同を使って角の合同を定義すれば，角に対する無定義述語の導入は避けられる．すなわち合同な三角形の対応する内角は互いに等しいと定義すればよいのである．まず，点pがaを始点とし，bを通る**半直線**$\overrightarrow{ab}$上にあるという主張は$\mathrm{B}(a, p, b) \vee \mathrm{B}(a, b, p) \vee p = a \vee p = b$と表せる：

定義3.2　角の合同

$a_1b_1c_1$と$a_2b_2c_2$は共に三角形をなすとする．$i = 1$または$i = 2$として，半直線$\overrightarrow{a_ib_i}$上に点p_i，半直線$\overrightarrow{a_ic_i}$上に点q_iを$\triangle a_1p_1q_1 \equiv \triangle a_2p_2q_2$となるように取れるならば，$\angle b_1a_1c_1$は$\angle b_2a_2c_2$に合同であると言って，

$$\angle b_1a_1c_1 \equiv \angle b_2a_2c_2$$

と表す(図3.4参照，次ページ)．$\angle bac$は角bacと読む．

角の合同の定義が補助に取ったp_i, q_iの取り方に依らないこと，ならびに角

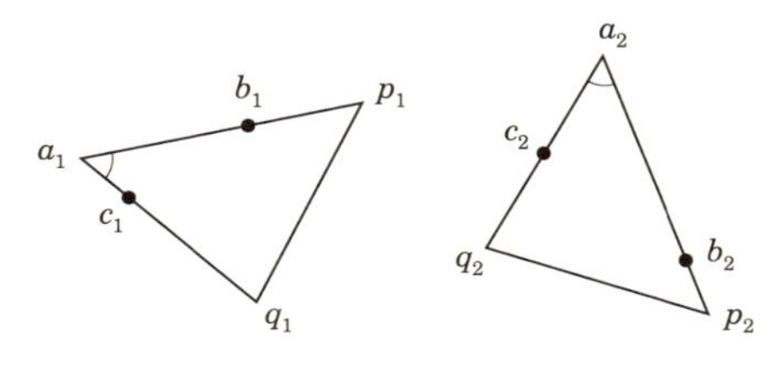

図 3.4

が任意の位置に複写できること(つまり，任意の場所で，与えられた角と合同な角を作れること)は次章で示す．

流通する幾何学書では，角の複写は公理で保証されているが，C6があれば，これは不要である．これは本書を通じて言いたいことの一つなのだが，(基礎論以外を専攻する)数学者の本にはタルスキ学派の仕事がほとんど言及されていない(無視されていると言ってよい)．同じ題目を研究しながら，どうしてこういうことが起きるのか不思議でならない．基礎論と聞いただけで拒絶反応を起こしてしまい，タルスキの仕事など聞く耳を持たないのではないかとすら思えるのである．

3.6 連続性公理

ヒルベルト[8]の場合は実数体上のユークリッド幾何を扱っているので，後に詳述するように1階論理では表現できない．一方,『原論』では連続性はほとんど意識されていない．そこで,『原論』レベルの初等幾何を扱うために，連続性に段階を設けることになる．

たとえば『原論』の第1巻命題1は正三角形の作図を与えているが，それにはしかるべき配置にある二つの円が交わることを用いなければならない．しかしこれは，これまで述べてきた公理から証明することはできない事実である．同様に，しかるべき配置にある円と直線が交わることも証明できないので，少なくともどちらかを連続性公理の最も弱い形の公理として採用する必要がある：

CL　円直線交叉

もし直線 α が円 A の内側の点を含むならば，α と A は交点を持つ．

CC　円円交叉

与えられた2円 A, B において，もし B が A の内側の点を含み，また A の外側の点をも含むならば，A と B は交点を持つ．

CL は1階論理で次のように表せる(図 3.5 参照)．ただし先頭に $\forall a \forall b \forall c \forall p \forall q \forall r$ が略されている．今後も見易さのためにこのような省略をすることが多いだろう：

$$\mathrm{B}(c, q, p) \wedge \mathrm{B}(c, p, r) \wedge ca \equiv cq \wedge cb \equiv cr \to \exists x(cx \equiv cp \wedge \mathrm{B}(a, x, b)).$$

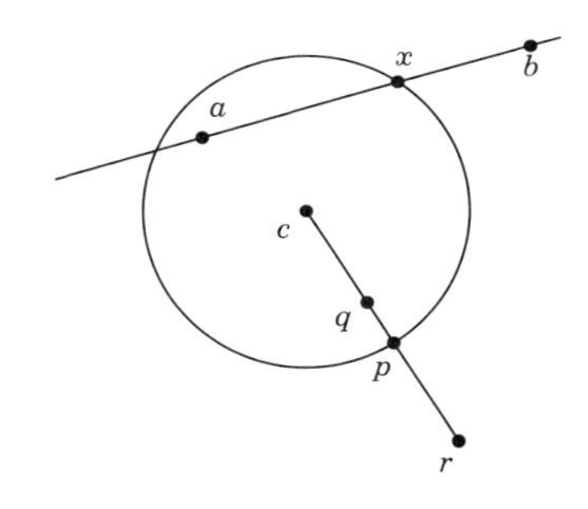

図 3.5

ここで $\mathrm{B}(c, q, p) \wedge ca \equiv cq$ は「a は中心 c，半径 cp の円の内部にある」ことを表している．このように考えればCC を1階論理の文として表すのも容易だろう．見た目が繁雑なので具体的に書き下すのは読者にお任せする．

われわれは円円交叉 CC を公理として採用しよう．CC から CL を導くことは可能だが(命題 4.2 参照)，逆に CL から CC を直接的に証明することは，まだだれも成功していないからである．

「解析幾何を使えば中学生だって CL と CC の同値性など証明できるではないか」と言ってはいけない．デカルト座標平面がユークリッド幾何のモデルだということくらいは予測が付くとしても，ここに問題が二つある．一つには，解析幾何で証明できれば，公理系からも証明できるのかという問題が再浮上するからである．もう一つは，解析幾何は平行線公準を基礎にしていることである．平行線公準 E を採用しないなら公理系のモデルはデカルト平面に同型だとは言えないのである．

定義3.3　初等絶対幾何

結合の公理群 A，間の公理群 B，合同の公理群 C，および円円交叉公理 CC の和集合(イメージ的に書けば，A+B+C+CC)を初等絶対幾何と呼び $\mathbb{A}_0$ と表す．また $\mathbb{A}_0$ から CC を除いた集合 (A+B+C) を $\mathbb{A}_0^-$ と記し，交叉公理を持たない初等絶対幾何と言う．

$\mathbb{A}_0$ の公理の総数はわずか 14 個である．$\mathbb{A}_0$ に平行線公準を付け加えるだけで，あの偉大な『原論』が厳密に展開できるというのは奇跡のようでもある．ヒルベルトの『幾何学の基礎』というと難しそうに聞こえるが，その公理系はわれわれの直観に合った,「公理」と呼ばれるのにふさわしい有限個の命題から成り立っている．ある有名な本に「専門の数学者でも学ぶ気になれない．今読むのは数学基礎論に関心のある人くらいであろう」と書かれているが，私は，そんなことはない，とても刺激的な数学の本であって，今も読むに値するということを，本書を通じて立証したい．

3.7 2階絶対幾何

例えば，図 3.6 のような，連続曲線に囲まれた図形 Γ があるとしよう．底辺の長さを a とすれば，途中に $\frac{a}{2}$ の長さを切片として持つ点 d が存在することは直観的にわかる．しかしながら，図形が 2, 3 個の円や直線を使って描かれたというのでもなければ，『原論』の範囲(前節の言葉を使って言えば，初等絶対幾何の範囲)で厳密にこれを証明することはできない．

しかしながら，中世以降，解析学の基礎付けの厳密性が問題になる 19 世紀中

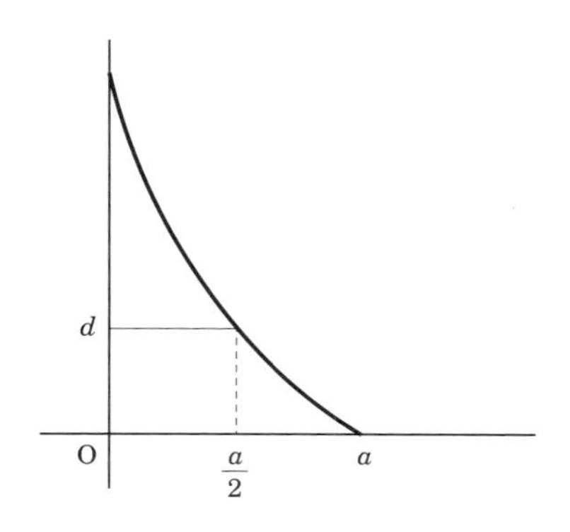

図 3.6

葉まで，『原論』の公理系から証明するというような精神は忘れ去られ(しかし，一方では，平行線公準に対する関心は残っていたが)，中間値の存在の正しさに対する根拠付けの必要性も認識されておらず，当然正しいとされて厳密な考察を免れていたようである．たとえばルジャンドル(A. M. Legendre: 1752-1833)の本[6]は厳密性が足りないとよく指摘されるが，それはたいていは解析的な連続性を使っているという解釈で間に合うようである．

脇道に逸れることになるが，これ以外にも無限小の概念を使って面積や体積を求める方法も，例えばフェルマー(P. de Fermat: 1601-1665)がウォリスの『無限の算術』を批判したように，厳密性が欠けると指摘されてきた．この場合も結局は解析学の基礎付けの問題に帰するわけである．このように，しばしば「厳密的ではない証明」という評価の言葉は正確には「解析的な連続性を使った証明」と言い換えれるようである．

連続曲線で囲まれた図 3.6 のような図形では，いつでも半分の長さ(さらには 0 と a の間の勝手な長さ)を持つ切片が存在することを保証するのが解析的連続性の公理，具体的に言えばデデキントの切断公理である．つまり軸上で $\dfrac{a}{2}$ より短い切片を持つ点の集合を上組とし，$\dfrac{a}{2}$ と等しいか，あるいは，より長い切片を持つ点の集合を下組とすれば，境目の点，すなわちちょうど $\dfrac{a}{2}$ の長さを持つ切片の存在が保証される．

以上の事情を幾何学の公理系に持ち込むと次の公理を置くことになる(Tarski[29]による)：

D　解析的連続性公理

言語を (B, D, ∈) と拡張する．次の命題を解析的連続性公理と呼び，D で表す(図 3.7 参照)：

$$\forall X \forall Y [\exists a \forall x \forall y (x \in X \wedge y \in Y \to \mathrm{B}(a, x, y))$$
$$\to \exists b \forall x \forall y (x \in X \wedge y \in Y \to \mathrm{B}(x, b, y) \vee x = b \vee y = b]$$

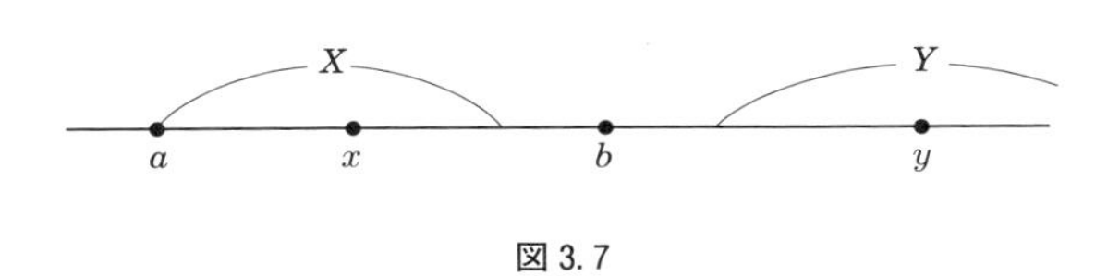

図 3.7

上段は X, Y が一つの直線の(下に有界な)部分集合であって X の点は Y の点より小さいことを意味している(直観的な「小さい」という言葉の意味は明らかだろう）．下段は，このとき，X と Y を分ける点が存在することを主張している．

これは巧妙な表現である．たしかに，普通の解析学の本に書かれているように，必ずしも $X \cup Y$ が直線全体になっている必要などないのである．すなわち，直線に対してデデキントの切断公理が成り立つことを要請するのが公理Dの内容である．なお，Dはデデキントの頭文字である．

見ればわかるように，公理Dは2種類の変数が使い分けられていて，いわゆる2階の述語論理で書かれている．初等絶対幾何 $\mathbb{A}_0$ から円円交叉公理CCを取り去って，その代わりに解析的連続性公理Dを加えた理論はボーヤイ(J. Bolyai; 1802–1860)が**絶対幾何**と名付けることで意味したものを現代的に形式化した理論である．すなわち，

定義3.4　2階絶対幾何

$\mathbb{A}_0^- \cup \{D\}$（すなわちA+B+C+D)を2階絶対幾何，あるいは，実絶対幾何と呼び，$\mathbb{A}_2$ と記す．

初等絶対幾何 $\mathbb{A}_0$ は平行線に関する公理を前提としない公理系から命題を演繹していく学問である．『原論』第I巻の命題28までがその簡単な例である．一方，2階絶対幾何は，$\mathbb{A}_0$ に解析的連続性（アルキメデスの公理を含む）の要請を加えて，演繹していく学問である．第1章の解説を参考にすれば，次の結論が得られることは当然であろう：

定理3.2　簡便のため「点Aが直線 ℓ の上にないならば，ℓ と交わらない直線は1本に限る」という命題を $P(\mathrm{A}, \ell)$ と記すと，2階絶対幾何 $\mathbb{A}_2$ においては次が成り立つ：

(1) $\exists A \exists \ell P(\mathrm{A}, \ell)$ から $\forall P \forall \ell P(\mathrm{A}, \ell)$ が証明される．

(2) $\exists A \exists \ell \neg P(\mathrm{A}, \ell)$ から**限界平行線**の存在が証明できる．

(3) 要約すれば，$\mathbb{A}_2$ のモデルは双曲平面（双曲幾何のモデル）であるか，ユークリッド平面（ユークリッド幾何のモデル）であるか，のどちらかである．

第0章で述べた限界平行線というのは，与えられた直線 ℓ と点 a に対して，a を通り，ℓ に平行な2直線 α_1, α_2 であって，a を通る α_1 と α_2 の間にある直線は

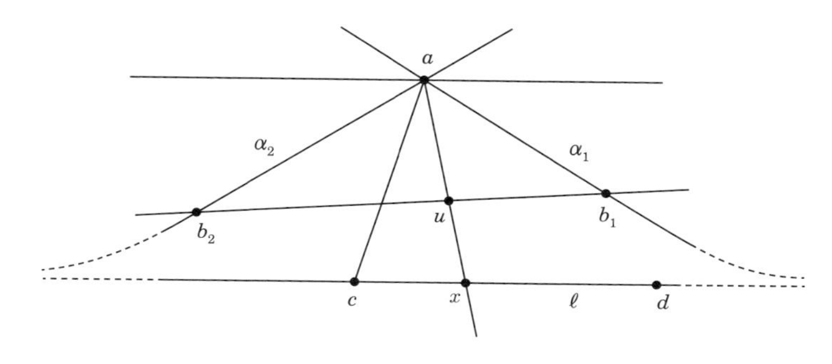

図 3.8

すべて ℓ と交わるような性質を持つ α_1, α_2 のことであった(図 3.8 参照). これを論理式で表すと次のようになる：

$$\begin{aligned}&\triangle acd \to \exists b_1 \exists b_2 [\triangle ab_1 b_2 \\ &\qquad\qquad \wedge \forall u [\mathrm{B}(b_1, u, b_2) \to \exists x (\mathrm{B}(a, u, x) \wedge \mathrm{Col}(c, d, x))]] \\ &\quad \wedge \neg \exists x [(\mathrm{B}(a, b_1, x) \vee \mathrm{B}(a, b_2, x)) \wedge \mathrm{Col}(c, d, x)]\end{aligned}$$

念のため書いておくと，ユークリッド幾何のモデルがどんなものであるか，双曲幾何のモデルがどんなものであるかは，2 階絶対幾何の場合に限っても，未だ何も言及していない．こうしたことは，第 8 章以下で論じる課題である．

第4章

『原論』第I巻を読む

4.1 角の合同(再)

初等絶対幾何 $\mathbb{A}_0$ とは，結合の公理群 A，間の公理群 B，合同の公理群 C，および円円交叉公理 CC の合併集合に与えられた名前であった．幾何学基礎論の本や論文で，絶対幾何というと，結合の公理群，間の公理群，合同の公理群からなる理論，すなわち $\mathbb{A}_0^-$ のことを指すことが多い．しかし，円と円がしかるべき関係にあるときは「交点を持つ」ということを仮定しないでは，『原論』は冒頭の命題でスタックしてしまう．簡潔さと歴史を重んじるという立場から，本書では，絶対幾何には円円交叉公理を含めていることを注意しておきたい．

第3章では，三角形の合同を，対応する3辺が互いに合同であることによって定義した．『原論』には三角形の合同という用語がなく，「重ね合わせられる三角形」を合同と捉えているようである．言い換えれば，3辺ばかりではなく，3内角も互いに等しいことを合同の定義とするのである．われわれの場合は，角の合同を，合同な三角形の対応する内角は等しいと定義することによって導入した．すなわち，

定義4.1　角の合同

$\triangle b_1a_1c_1$ と $\triangle b_2a_2c_2$ が与えられたとする．半直線 $\overrightarrow{a_ib_i}$ 上の点 p_i，半直線 $\overrightarrow{a_ic_i}$ 上の点 q_i で $(i=1,2)$，

$$\triangle a_1p_1q_1 \equiv \triangle a_2p_2q_2$$

を満たすものが存在するとき，$\angle b_1a_1c_1$ は $\angle b_2a_2c_2$ に合同である(あるいは，等しい)と言って，

$$\angle b_1a_1c_1 \equiv \angle b_2a_2c_2$$

と表す．

補助の点 p_i, q_i の取り方に依らずに，角の合同が定まることは，次の補題による：

補題4.1　5辺公理の変種

三角形 $a_1b_1c_1$ が三角形 $a_2b_2c_2$ に合同で，$\mathrm{B}(a_1, d_1, b_1)$ なる点 d_1 と $\mathrm{B}(a_2, d_2, b_2)$ なる点 d_2 に対して $b_1d_1 \equiv b_2d_2$ が成り立つならば $c_1d_1 \equiv c_2d_2$ が成り立つ(図 4.1 参照).

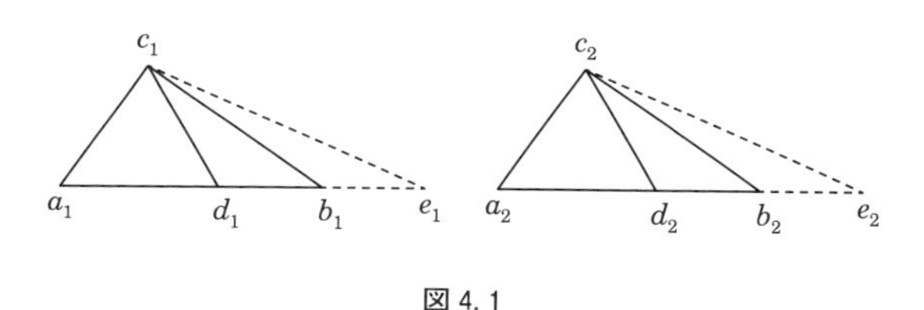

図 4.1

証明　e_i を $\mathrm{B}(a_i, b_i, e_i)$ なる点とし，$b_2e_2 \equiv b_1e_1$ に取る．5辺公理によって $c_1e_1 \equiv c_2e_2$ である．そこで三角形 $b_ic_ie_i$ と線分 b_id_i $(i = 1, 2)$ に5辺公理を適用すれば，$c_1d_1 \equiv c_2d_2$ を得る． □

補題4.2　角の合同は補助の点の取り方に依らず定まる．

証明は図 4.2 を参考にして各自考えていただきたい．点の位置関係によって5辺公理とその変種が代わる代わる使われることに注意が必要である．

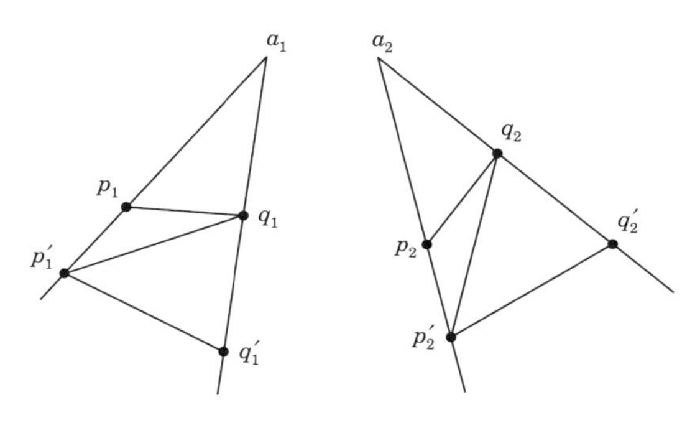

図 4.2

4.2 《命題1》から《命題3》まで

以降，『原論』第Ⅰ巻の命題には《 》を付けて表す．

『原論』第Ⅰ巻《命題30》までの命題は簡単に1階論理で表せる．たとえば，「aを中心とし，半径abの円周上の点c」，あるいは「開線分(ab)上の点c」という表現は，「$ab \equiv ac$を満たすc」，あるいは「$\mathrm{B}(a, c, b)$を満たすc」と表せる．本章の命題や証明は，ほとんどこのように機械的に1階論理に翻訳できるので，いちいち形式化した表現で書き直すことはしない．

可能な限り『原論』の証明を生かすように心がけるが，『原論』の証明のすべてに言及する余裕はないので原典[2]を傍らにおいて比較しながら読んでいただきたい．Heath[1]は『原論』の問題点の指摘や別証明，注釈について歴史的観点から委細を尽くしているので大変参考になる．

《命題1》 与えられた線分abを1辺とする正三角形を描くことができる．

証明 半径abの円をa, bのそれぞれを中心として描き，AならびにBとする．線分の複写公理C4を使って$\mathrm{B}(a, p, b)$，$\mathrm{B}(q, a, b)$かつ$ap \equiv aq$なるp, qを取れば，p, qはA内の点であってpがBの内側，qがBの外側にあることは明らかだから，円Aと円Bは交わる(円円交叉公理)．その交点(の一つ)をcとすると三角形abcが求める正三角形である． □

《命題2》 点aと線分bcが与えられたとき，線分bcと同じ長さの線分をaから引くことができる．

証明 $\mathbb{A}_0$では，この命題は公理C4の一部である． □

注 C4は与えられた線分を「望む方向に」引けることまで保証しているが，それは『原論』では《命題3》で与えられる．aを中心として，半径bcの円を描き，その円上の点を取れば，《命題2》の証明はおしまいではないか，とだれしも思うところである．しかしながら『原論』では，与えられた点aを中心として，与えられた半径abの円を描くという操作しか認めていない．つまり，bcの長さを維持しながらコンパスを移動させて，aを中心とした半径bcの円を描くことを認めていない．そのために『原論』では巧妙な証明を与えている．

《命題3》 与えられた半直線 $\overrightarrow{ab}$ 上に，線分 ae が，与えられた線分 cd と等しくなるように，点 e を取ることができる．

証明 $\mathbb{A}_0$ の場合は，これは，前述のとおり，公理 C4 で保証するところである． □

注 『原論』では，《命題 2》を使って，a を中心とする，半径 cd の円を描き，$\overrightarrow{ab}$ との交点を e とすれば，$ae \equiv cd$ であると論じる．これだと，円と直線とがしかるべき関係にあるとき，交点を持つこと(つまり交叉公理 CL)はどうして保証されるのかという問題が生じる．

4.3 《命題4》から《命題6》まで

《命題4》 **2 辺夾角合同定理 SAS**

$ab \equiv a'b'$ かつ $ac \equiv a'c'$ で，$\angle bac \equiv \angle b'a'c'$ ならば $\triangle abc \equiv \triangle a'b'c'$ である．

証明 $\mathbb{A}_0$ では，$\angle bac \equiv \angle b'a'c'$ とは $\triangle ade \equiv \triangle a'd'e'$ となるように d, e をそれぞれ半直線 $\overrightarrow{ab}, \overrightarrow{ac}$ 上に，また d', e' をそれぞれ半直線 $\overrightarrow{a'b'}, \overrightarrow{a'c'}$ 上に取れることであった．5 辺公理とその変種を使うと $cd \equiv c'd'$ が示せ，同様にして，$bc \equiv b'c'$ を得る． □

《命題5》 2 等辺三角形の底角は等しい．すなわち，三角形 abc において $ab \equiv ac$ ならば，$\angle abc \equiv \angle acb$ が成り立つ．

証明 三角形 abc と三角形 acb を考える．$ab \equiv ac$, $ac \equiv ab$, $bc \equiv cb$ であるから，$\triangle abc \equiv \triangle acb$. ゆえに角の合同の定義に従って $\angle abc \equiv \angle acb$ である． □

注 『原論』の証明はけっこう複雑である．プロクロス(5 世紀)の『原論第 1 巻注釈』[3]によれば，上に述べた証明はパッポス(4 世紀)が与えたものだそうである．また，この定理の発見者は，他の多くの定理とともに，タレス(BC 6–7 世紀)だとも書かれている．それにしても，何という見事な証明だろう！ 思い付かれるのに何世紀もかかったのも無理はない．

次は《命題 5》の逆である：

《命題6》 三角形 abc において $\angle abc \equiv \angle acb$ ならば $ab \equiv ac$ である．

『原論』は次の「証明」を与える．$ab > ac$ とする．ab 上に $db \equiv ac$ となるように点 d を取る(図 4.3 参照)．《命題 4》より $\triangle acb \equiv \triangle dbc$ である．ここでエウクレイデスは「三角形 dbc は三角形 acb に等しく，小さいものが大きいものに等しくなるであろう．これは不合理である．それゆえ ab は ac に等しい」と結論する．

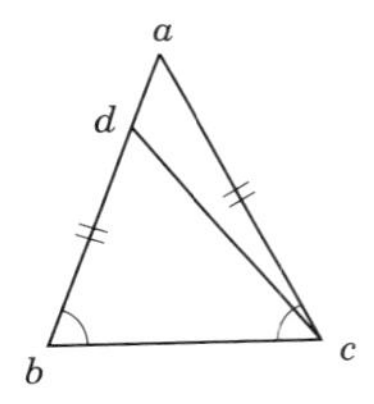

図 4.3

三角形の面積の大小についてはまだ何も論じていないのだから(とりわけ平行線公準が使えないことを考えれば)，これは現代では証明として通用しない．修正のために古来種々の代案が工夫されてきたが，巡環論法にならぬように注意する必要がある．Heath[1]，Vol. 1，p. 258 に指摘されているように，《命題 6》は第 2 巻まで使われない．次の証明は私が工夫してみたものである．

証明 図 4.3 において，$\triangle acb \equiv \triangle dbc$ より $ab \equiv dc$．一方，

$$ab = ad + db \equiv ad + ac > dc$$

この不等式は《命題 20》(三角形の 2 辺の和は残りの 1 辺より長い)による．これは矛盾であるから，$ab \equiv ac$ でなければならない． □

4.4 角の大小の定義

「同じ側にある」という概念を使って,「二つの半直線の成す**角の内側**(あるいは内部)にある」という概念も定義できる(角というのは,2直角より小さいものしか考えていないことには注意を要する).

定義4.2　角の大小

a, b, c および a', b', c' をともに共線的でない3点とする.$\angle bac \equiv \angle b'a'd$ となるような点 d が $\angle b'a'c'$ の内側に存在するとき,$\angle bac$ は $\angle b'a'c'$ より小さいと言って,$\angle bac < \angle b'a'c'$ と記す(図4.4参照).

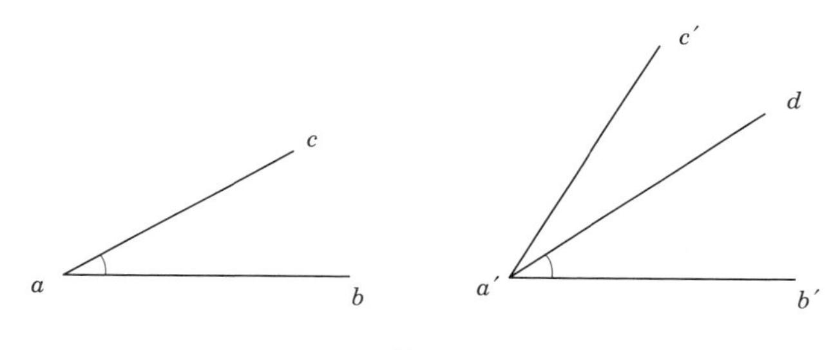

図4.4

補題4.3　α, β を角とする.

1. $\alpha \equiv \alpha'$ かつ $\beta \equiv \beta'$ ならば,$\alpha < \beta \Longleftrightarrow \alpha' < \beta'$.
2. 角の不等式 $<$ は角の(同値類の)間の全順序関係である.すなわち,
   (a)　$\alpha < \beta$ かつ $\beta < \gamma$ ならば $\alpha < \gamma$.
   (b)　二つの角 α, β の間には次の一つだけが成り立つ:

$$\alpha < \beta, \quad \alpha = \beta, \quad \beta < \alpha.$$

この補題の2(b)以外は自明である.2(b)は《命題7》から直ちに従う.

定義　角の和

$\angle bac$ の内部に点 d があるとする.このとき $\angle bac$ は $\angle bad$ と $\angle dac$ の和であると言う(図4.5,次ページ).さらにこの定義を拡張して,$\angle bad \equiv \angle b'a'd'$ であり,$\angle dac \equiv \angle d''a''c''$ である場合にも,$\angle bac$ は $\angle b'a'd'$ と

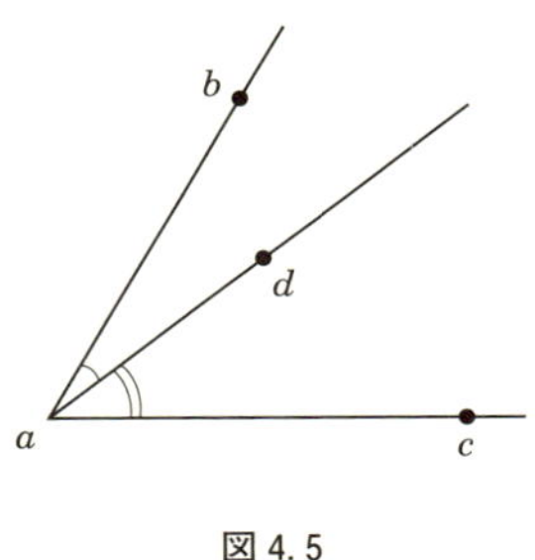

図 4.5

$\angle d''a''c''$ の和であると言う．

注　α, β 等を角とする．角の同値類の和も定義できること，すなわち合同な角の和は合同であることの証明はヒルベルト[8]には第1章，定理15で与えられている．ハーツホーン[37]では第2章，命題9.4，またGreenberg[33]ではProposition 3.19である．後者の証明がステップに分けてあるのでわかり易い．本書では，これらの書物を参照することにして，証明を省略する．

ところで，角の和の定義は定義される半直線の位置関係が明示できないので，$\alpha+\beta$ と $\beta+\alpha$ の区別がない．しかしながら，実際には半直線の位置関係にかかわらず和が定まる．その証明はそのまま $\alpha+\beta \equiv \beta+\alpha$ が成り立つことの証明になっている．面白いことに，角の和の可換性に言及した書物を見たことがない．

4.5 《命題7》から《命題12》まで

三角形の合同を対応する辺の長さが一致することと定義したが，これではいわゆる「形」が一致することまでは保証されていない．次の命題はこのこと，つまりわれわれの合同の定義によって対応する角まで一致することを示している．これはまた補題4.3の本質部分である．ハーツホーンは《命題7》は補題4.3から直ちに従うとしている([1]，翻訳I．p.116)が，巡環論法であろう．

《命題7》　線分 ab に関して同じ側にある2点 c, d に対し，$ac \equiv ad$ かつ $bc \equiv bd$ ならば，$c = d$ である(図4.6参照，次ページ)．

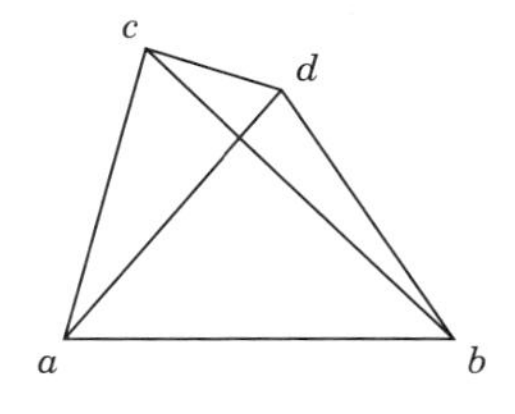

図 4.6

エウクレイデスは次のように論ずる：$c \neq d$ とする．$ac \equiv ad$ から《命題 6》により $\angle acd \equiv \angle adc$．したがって $\angle dcb < \angle adc$．同様に $bc \equiv bd$ から $\angle adc < \angle dcb$．これは矛盾である．

エウクレイデスはここで証明を終えるが，これには古来疑問符が付けられてきた．要点は『原論』に(いつのころからか知らないが)付されてきた図 4.6 がすべての場合を尽くしていないということである．図 4.6 では点 d は三角形 abc の外部にあるが，内部にある場合も扱わなければならない．そんな図はあり得ないと言ってみても，そもそも図 4.6 だって，あり得ないのである．この問題については，Heath[1]，Vol. 1 を参照せよ．自分で証明を補ってみるのも一興であろう．次は場合分けを要しない証明である：

証明　(Tarski[29]による)

点 d の直線 ab に関する対称点を d' として三角形 $ad'b$ を考えると，$\triangle abc \equiv \triangle abd'$ である．ゆえに，cd' と直線 ab' の交点を e とすれば，$\triangle aec \equiv \triangle aed'$ である．したがって $\angle aec \equiv \angle aed' = \angle R$ である．□

垂直や直角の概念は《命題 10》の後で定義する．

《命題8》　3 辺合同定理 SSS

二つの三角形の対応する辺がそれぞれ相等しいならば，対応する角もそれぞれ相等しい．

証明　$\mathbb{A}_0$ では，三角形が合同のとき，対応する角も等しいと定義したので，この命題は証明の必要がない．□

『原論』では，一方の三角形の1辺をもう一方の三角形の対応する辺に重ね合わせ，さらにこの辺に関して同じ側に二つの三角形が来るようにすることで，《命題7》に帰着している．その通りと言えば，その通りなのだが，こういう「重ね合わせの原理」というのは『原論』では公理でも公準でも一切論じられていない．ヒルベルト以降は角の移動を公理として扱っている．

《命題9》 与えられた角 $\angle bac$ を2等分することができる．

証明 $ab \equiv ac$ としても良い．bc を1辺とする正三角形を bc に関して a の反対側に作り，$\triangle bcd$ とする．$\triangle abd \equiv \triangle acd$ なので，$\angle bad \equiv \angle cad$ である． □

《命題10》 与えられた線分 ab を2等分することができる．

証明 ab を1辺とする正三角形 abc を作る．$\angle acb$ の2等分線が ab と交わる点が求める中点である． □

a, b, c を同一直線上にない3点とし，$\mathrm{B}(a, b, d)$ とする．$\angle dbc$ を $\angle abc$ の**補角**と言う（図4.7参照）．二つの角が等しいと，その補角も互いに等しいことは5辺公理によって保証されている．それ自身の補角と等しい角を**直角**と言う．図で言うと，$\angle abc \equiv \angle dbc$ のとき $\angle abc$ は，そして $\angle dbc$ もだが，直角である．さらに**直交**，**垂直**，**垂線**といった用語を通例に従って導入する．

直角の存在は次の命題で保証される：

《命題11》 線分 ab 上の与えられた点 c で垂線を立てることができる．

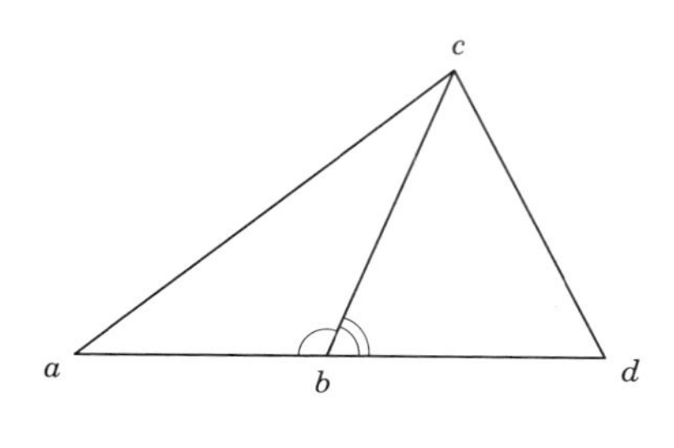

図4.7

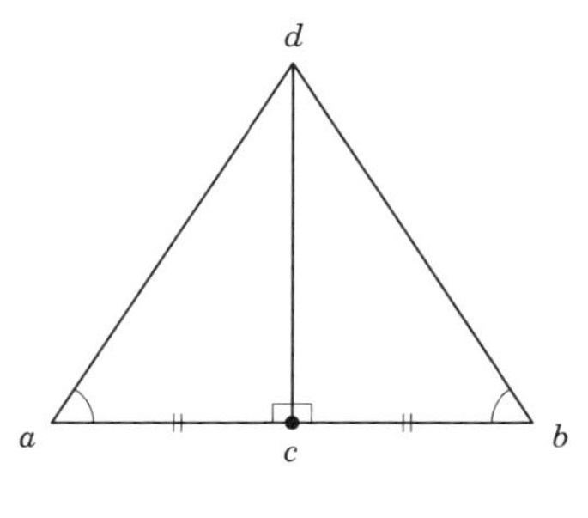

図 4.8

証明　$ca \equiv cb$ としても一般性を失わない(図 4.8 参照)．ab を 1 辺とする正三角形 abd を作って，d と c を結べばよい．$\triangle acd \equiv \triangle bcd$ だからである． □

『原論』では公準 4 として「直角はすべて互いに等しい」と「要請」されているが，これは $\mathbb{A}_0$ では証明できる命題である：

命題4.1　直角は互いに等しい．

証明　A, B を直角とし，$A < B$ と仮定する．角の大小関係の定義によって図 4.9 のように，A を B の内側に入れることができる($\angle bad = A$, $\angle bac = B$)．すると A, B の補角 A^*, B^* に対しては $B^* < A^*$ が成り立つことになる．しかし直角は補角に等しいから，これは $B < A$ を意味し，矛盾が生じる．ゆえに $A \equiv B$ である． □

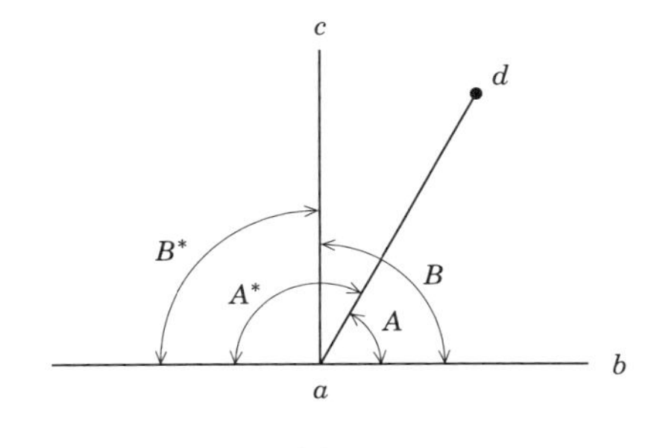

図 4.9

そこで

$\angle R$

を直角を表す記号とする．また直線 α と β が直交する(垂直に交わる)ことを

$\alpha \perp \beta$

と表すことにする．

《命題12》 与えられた点 a から a がその上にない直線 α に垂線を下すことができる．

エウクレイデスは，次のように論じる：直線 α に関して点 a と反対側にある点 b を取る．a を中心とし，ab を半径とする円は α と2点で交わるので，それを c, d とする．線分 cd の中点を m とすると，am が求める垂線である．

この証明には円直線交叉公理CLが使われており，さらに交点が二つあることも使われている．我々の公理系 $\mathbb{A}_0$ ではCLを前提としていないので，別の証明を考えなければならない．公理CCから公理CLを導いておけばよいようなものだが，厄介なことに，その証明には《命題12》が使われる．次の巧妙な証明はTarski[29]によるものである．この証明にはCCも使われていないことに注目すべきである：

証明 a を直線 α 上にない点とする(図4.10参照)．α 上の点 b を選び，$bc \equiv ba$ なる c を α 上に取る．次に ac の中点を d とする．$ce \equiv cd$ かつ $\mathrm{B}(b, c, e)$ なる点 e を取る．次に，$cf \equiv cb$ かつ $\mathrm{B}(a, c, f)$ を満たす点 f を取ると，$\triangle cbd \equiv \triangle cef$ が成り立つ．したがって特に $\angle cef = \angle R$ である．そこで $eg \equiv ef$ かつ $\mathrm{B}(f, e, g)$ なる点 g を取ると，$\triangle cef \equiv \triangle ceg$ である．

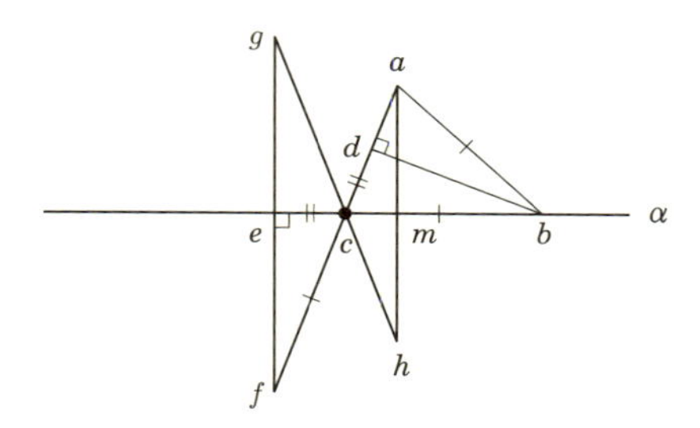

図4.10

ゆえに $\angle gce \equiv \angle fce$ が成り立つ．そこで $ca \equiv ch$ かつ $\mathrm{B}(g,c,h)$ なる h を取れば，$\angle bch \equiv \angle bca$，しかも $ad \equiv ch$ であるから，ah と α との交点 m が求める垂線の足であることがわかる． □

注 《命題 12》を用いると，交叉公理を持たない 1 階初等幾何 $\mathbb{A}_0^-$ でも，三角形 abc を底辺 bc で折り返した三角形 $a'bc$ を作ることができる．ゆえに直線 bc の反対側に $\angle abc$ を複写できる．このためにタルスキの公理系，したがって我々の公理系 $\mathbb{A}_0$ でも「角の移動」を公理に採用しなくてもよいことになる．すなわち**《命題 12》が角という概念を公理系から追放することができるカラクリの核心である．**

命題4. 4 $\mathbb{A}_0^-$ においては円円交叉公理 CC を仮定すると円直線交叉公理 CL を証明することができる：

$$\mathbb{A}_0^- \vdash \mathrm{CC} \to \mathrm{CL}.$$

証明 円 C の内部の点 a を通る直線 α があるとする(図 4.11 参照)．α が C の中心 o を通るときは線分の複写公理 C4 から結果は明らかなので，o は α 上の点ではないとする．《命題 12》を適用して，o から α に垂線を下ろし，足を b とする．o' を $\mathrm{B}(o,b,o')$ で $ob \equiv o'b$ を満たす点とする．o' を中心とし，円 C と同じ半径の円 C' を描く．b が円 C および円 C' 双方の内部の点である．また C の外部の点で C' の内部の点が存在することも明らか

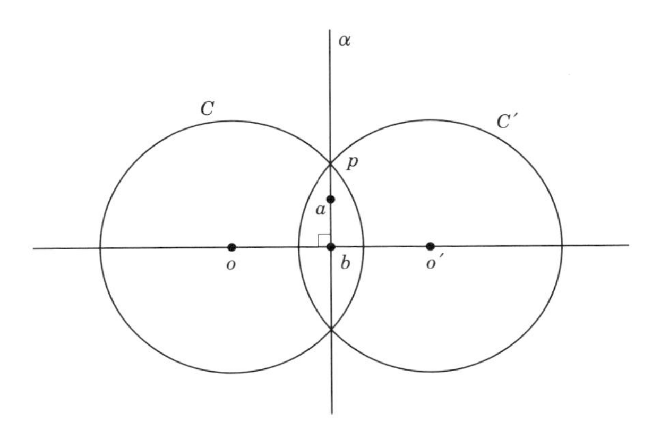

図 4.11

だから，公理 CC を仮定すると C と C' の交点 p が存在することが従う．$op \equiv o'p$ なので $\angle obp = \angle R$ であることがわかり，p が α 上の点であることが結論される． □

図 4.11 において，直線 α 上に $bp \equiv bq$，かつ $\mathrm{B}(p, b, q)$ なる点 q を取れば，q も C 上の点である．したがって次の系が得られる：

系 円 C の内部に直線 α の点があるとき，C と α はちょうど二つの点で交わる．また，円 C の内部の 2 点が，一つは円 C' の内部の点であり，もう一つは外部の点であれば，C と C' はちょうど二つの点で交わる．

第5章

『原論』第I巻を読む(続)

5.1 角の定義の拡張

次の《命題 13》は問題がある．というのは，角という概念は三角形を使って(つまり，図形として)定義されているので，いわゆる平角(180°)以内でなければならないのに，《命題 13》は角とその補角の和が平角だと述べているからである．たとえば，仮に $\mathrm{B}(a,b,c)$ の場合に，$\angle abc$ を平角と呼ぶと定義してみても，これが角と呼べるためには示さねばならないことがいくつかある．たとえば，二つの平角が等しいことをどうやって証明するのかが，最低限，問題になる．

この問題を処理するのに，ハーツホーン[37]やBorsk[17]では角に数値を対応させる方法，すなわち**角度**を導入する方法を採用している(角度については本章の補遺で解説する)．角度になれば，角 A, B の角度を $\varphi(A), \varphi(B)$ とするとき $\varphi(A)+\varphi(B)$ は意味を持ち，それが $\varphi(\angle R)$ の2倍になるという意味も鮮明に理解されるのである．

ヒルベルト[8]の場合は，「平角や優角(180°より大)は角ではない」と断っているだけで，角の和が平角になるとはどういうことか，どころか，そもそも一般的に「角の和」というものを定義していない．

和が平角になる場合を特別扱いしていては，なかなかすっきりした形で解決することはむずかしいので，本書では，Tarski[29]に従って，角の定義を零角や平角を含むように拡張する方法を採用する(第3.5節「角の合同の定義」も参照)：

定義5.1　角の合同

a_i, b_i, c_i を相異なる3点とする $(i=1,2)$．半直線 $\overrightarrow{a_i b_i}$ 上に $p_i\ (\neq a_i)$，半直

線 $\overrightarrow{a_ic_i}$ 上に $q_i\ (\neq a_i)$ を

$$a_1p_1 \equiv a_2p_2, \quad a_1q_1 \equiv a_2q_2, \quad p_1q_1 \equiv p_2q_2$$

すなわち，対応する3辺が合同であるように取れるとき，$\angle b_1a_1c_1$ は $\angle b_2a_2c_2$ に合同である(あるいは，等しい)と言って

$$\angle b_1a_1c_1 \equiv \angle b_2a_2c_2$$

と表す．

a_i, b_i, c_i が共線的である場合を除外していないことに注意しよう．角の合同の定義が補助に取った点の取り方に依存しないことは明らかである．これにより，始点を共有する二つの半直線の(順序を問わない)組によって「角」という概念を定義できることもわかるだろう．特に，二つの半直線 $\overrightarrow{ab}, \overrightarrow{ac}$ が一致する場合，$\angle abc$ を**零角**と名付け，$\overrightarrow{ab}, \overrightarrow{ac}$ が直線を成すとき，$\angle abc$ を**平角**と名付ける．二つの零角は互いに合同であり，二つの平角も互いに合同であることは言うまでもない．

角の和の定義はそのまま平角や零角を含む場合に拡張できる．すなわち $\angle bac$ の内部，あるいは境界上(ただし $d \neq a$)に点 d があるとき，$\angle bad + \angle dac \equiv \angle bac$ と定義すればよいのである．角の和は平角以内に収まる場合に限定されていることには注意を要する．

平角は任意の角とその補角の和である．特に角として直角を取れば，平角は $\angle R + \angle R$ であることがわかる．これを通例のように $2\angle R$ と記し，2直角と読むことにする．これが《命題13》である：

《命題13》 a, b, c を $\mathrm{B}(a, b, c)$ なる3点とし，d をこれらと共線的でない点とする．$\angle dba$ と $\angle dbc$ の和は2直角である．

《命題14》 線分 ab を挟む二つの角 $\angle cab$ と $\angle dab$ の和が2直角ならば，c, a, d は共線的である．

証明 $\mathrm{B}(d, a, e)$ なる点 e を取る(図5.1参照，次ページ)．$\angle dae = 2\angle R$ である．一方，$\angle dac = \angle cab + \angle dab = 2\angle R$ が仮定されているから，$\angle eac$ は零角である．すなわち，$\mathrm{B}(c, a, d)$ である． □

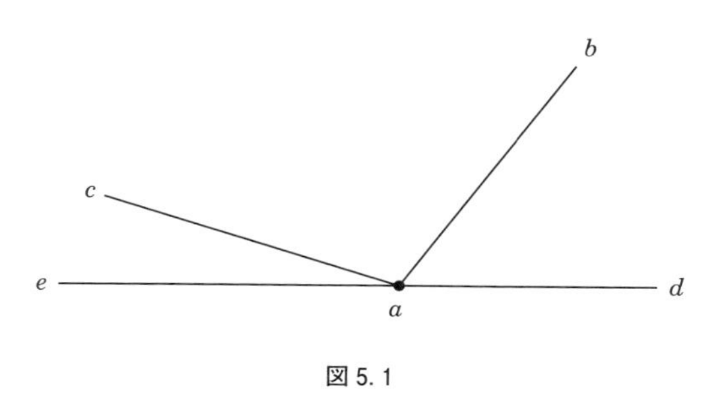

図 5.1

《命題15》 対頂角は等しい.

証明 点 a で交わる 2 線分 bc, de を考える(図 5.2 参照). $\angle bad, \angle cae$ はともに $\angle bae$ の補角である. 平角はたがいに等しいから, $\angle bad \equiv \angle cae$ である. □

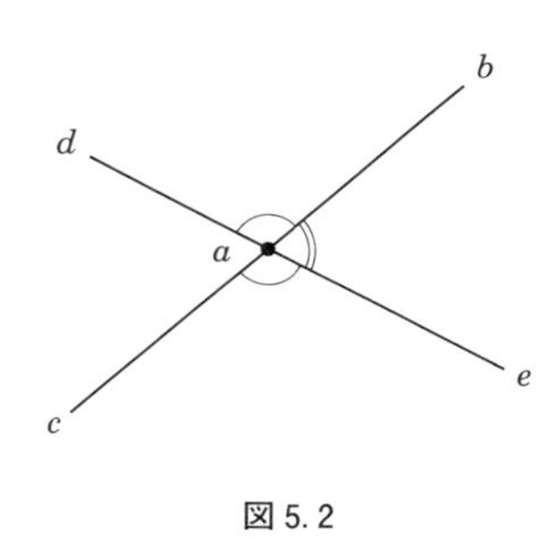

図 5.2

《命題16》 外角定理

三角形の外角は二つの内対角のいずれよりも大きい.

証明 abc を三角形として, 辺 bc の延長線上に d を取る. b から ac の中点 e を通る直線を引き, $be \equiv ef$ なる f を取る(図 5.3 参照, 次ページ). すると $\triangle eab \equiv \triangle ecf$ であるから, $\angle acd > \angle fca \equiv \angle bac$ を得るとして, エウクレイデスは証明を終える.

たいていの教科書はこれで証明終わりとするのだが, 長い年月の間にはシャープな批判力を持った人が登場するもので（それはガウスだという話だが),「図に頼る証明」の危険性を教えてくれる. すなわち, **半直線 $\overrightarrow{cf}$ が必ず $\angle acd$ の内側にあることがどうしてわかるのか**?

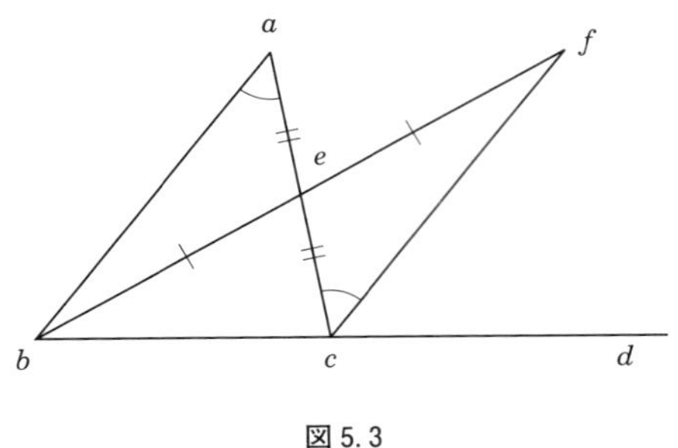

図 5.3

実際に $\overrightarrow{cf}$ が $\angle acd$ の間にあることを示す．まず f と d は直線 ac に関して b と反対側にあるので f は d と直線 ac に関して同じ側にある．次に，$\mathrm{B}(a, e, c)$ かつ $\mathrm{B}(f, e, b)$ だから，直線 bc に関して，a と e は同じ側，また e と f も同じ側にあるので，推移性によって a と f は同じ側にある．ゆえに f は $\angle acd$ の内側にあることになる．……□

この結果を導くには，間の公理群が決定的な役割を果たしているのであって，多くの本に書かれているような（たとえば近藤[23]，第2章の脚注(21)参照）f が $\mathrm{B}(b, e, f)$ を満たすように取れること，すなわち「直線の無限性」が関係しているわけではない．

《命題17》 三角形の二つの内角の和は2直角より小さい．

証明 図5.3において

$$\angle bca + \angle bac \equiv \angle bca + \angle acf$$
$$\equiv \angle bcf < 2\angle R$$
……□

《命題18》 三角形において，長い辺に対する内角の方が短い辺に対する内角より大きい．

証明 三角形 abc において $ab < ac$ とする（図5.4，次ページ）．辺 ac 上に d を $ad \equiv ab$ となるように取る．

$$\angle acb < \angle adb \equiv \angle abd < \angle abc$$

上式では，外角定理と《命題5》を使った．……□

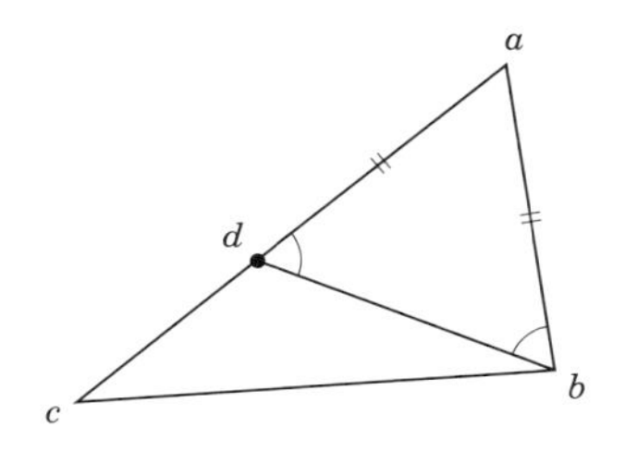

図 5.4

《命題19》 三角形において，大きな角を張る辺の方が小さい角を張る辺より長い．

証明 三角形 abc において $\angle abc < \angle acb$ とする．仮に $ab < ac$ とすると，《命題 18》によって，$\angle acb < \angle abc$ となり，仮定に反する．また $ab \equiv ac$ とすると《命題 5》によって $\angle abc \equiv \angle acb$ を得て，これも仮定に反する． □

《命題20》 三角形の 2 辺の和は残りの 1 辺より長い．

証明 三角形 abc に対して，点 d を $\mathrm{B}(b, a, d)$ かつ $ad \equiv ac$ を満たすように取る（図 5.5）．このとき

$$\angle bdc \equiv \angle dca < \angle dcb$$

ここで《命題 19》を三角形 bcd に適用すれば，

$$ab + ac \equiv bd > bc$$

を得る． □

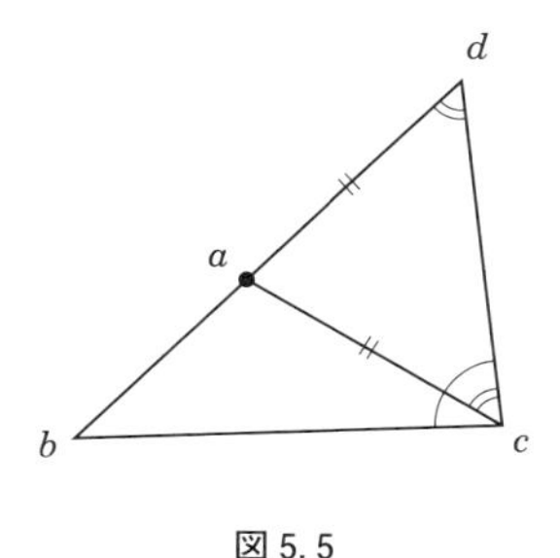

図 5.5

《命題21》 d を三角形 abc の内点とすると，

$$ba+ac > bd+dc \quad \text{かつ} \quad \angle bdc > \angle bac$$

証明 bd を延長して ac と交わる点を e として，《命題20》を2度使えば簡単に得られるように見えるのだが，「交点 e の存在はどうして保証されるのか？」と考え出すと，眠れなくなること請け合い(図5.6参照).「そんなの，明らかじゃん」と言いたくなるが，その明らかそうなことをきちんと証明するのが数学なのである．つまり，次を証明すれば《命題21》の証明は終る． □

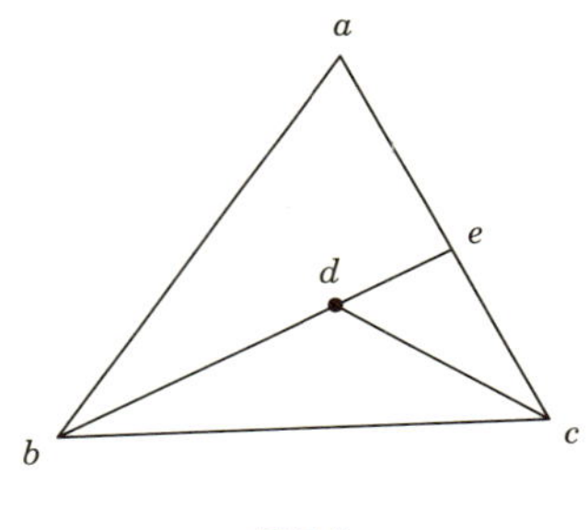

図5.6

横棒定理(Crossbar Theorem)

d を角 $\angle bac$ の内部の点とするとき，半直線 $\overrightarrow{ad}$ は線分 bc と交わる．

証明 （図5.7参照）

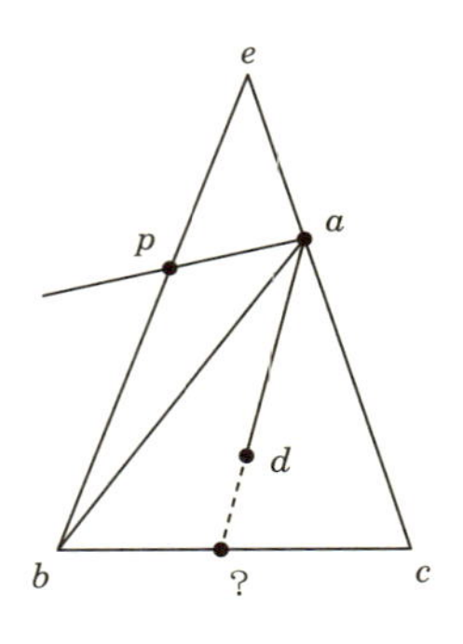

図5.7

B(e, a, c) なる点 e を取る．三角形 bce にパッシュの公理を適用すると直線 ad は辺 bc，あるいは辺 be と交わる．直線 ad は線分 be とは交わらないことを示そう．a を通る直線が線分 eb と交わるとして，交点を p としよう．半直線 $\overrightarrow{ap}$ は $\angle bae$ の内部にある．一方，$\overrightarrow{ad}$ は $\angle bac$ の内部にある．ゆえに $\overrightarrow{ad} \neq \overrightarrow{ap}$．したがって直線 ad は線分 be と交わらない．□

5.2 《命題22》から《命題26》まで

《命題22》 与えられた三つの線分の，どの二つの和も残りの 1 辺より長ければ，これらの線分を辺とする三角形が描ける．

証明 一直線上に 4 点 a, b, c, d をこの順序に ab, bc, cd が与えられた線分となるように並べる(図 5.8 参照)．$ab > bc > cd$ としておこう(等号の成り立つ場合は少し修正を要するが，考え方は同じである)．b を中心とし半径 ab の円 A を描き，c を中心として，半径 cd の円 B を描くと，図 5.8 のような配置になる．b, c は A 内の点で，b は B の外，c は B の内側なので円円交叉公理から，交点 p が存在する．三角形 pbc は求める性質を満たす．□

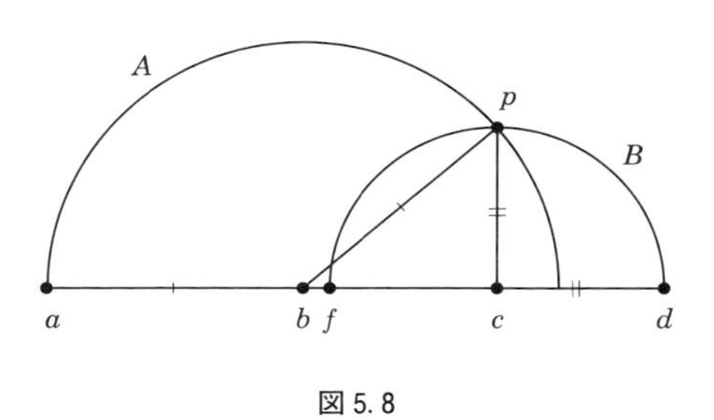

図 5.8

《命題23》 **角の複写**

与えられた半直線の任意の側に，与えられた角を移すことができる．

証明 $\angle bac$ を与えられた角とし，$\overrightarrow{a'p}$ を与えられた半直線とする(図 5.9 参照，次ページ)．$a'b' \equiv ab$ を満たす b' を半直線 $\overrightarrow{a'p}$ 上に取り，中心 a'，半径 ac の円と中心 b'，半径 ab の円の交点を c' とすれば $\triangle a'b'c' \equiv \triangle abc$ である．2 円の交点が存在することは《命題 20》，《命題 22》，円円交叉公理

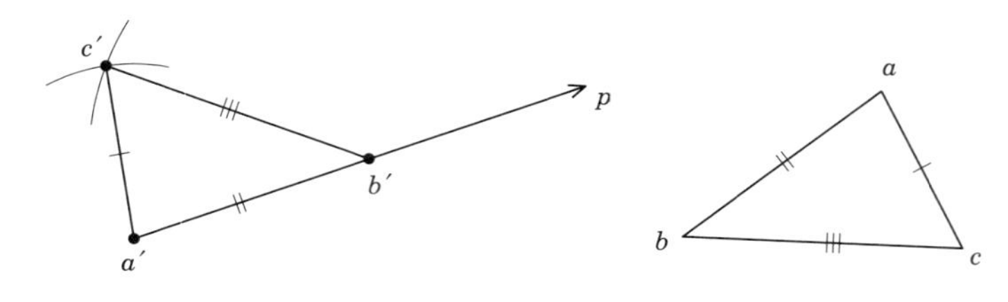

図 5.9

CC によって保証されている．

直線 $a'p$ のどちら側に角を複写するかを指定できることは 2 円の交点が二つあることからわかる． □

《命題24》 二つの三角形において，対応する 2 辺がそれぞれ等しいならば，それらに挟まれる角が大きい方の対辺が長い．

証明 三角形 abc と三角形 $a'b'c'$ において，$ab \equiv a'b'$，$ac \equiv a'c'$ かつ，$\angle b'a'c' < \angle bac$ であるとする(図 5.10)．$\angle bac$ 内に $\triangle abd \equiv \triangle a'b'c'$ であるように d を取る．$bd < bc$ を証明すればよい．三つの場合が生じる：

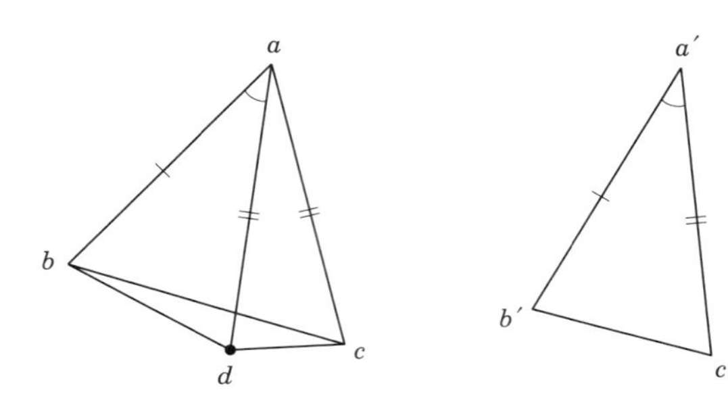

図 5.10

case 1. d が abc の外部にある場合(図 5.10 がその場合である)．

$$\angle bcd < \angle acd \equiv \angle adc < \angle bdc$$

三角形 bcd に《命題 19》を適用して，$bd < bc$ を得る．

case 2. d が辺 bc の上にある場合(図 5.11)．$bd < bc$ は自明である．

case 3. d が abc の内部にある場合(図 5.12)．《命題 21》を三角形 abd

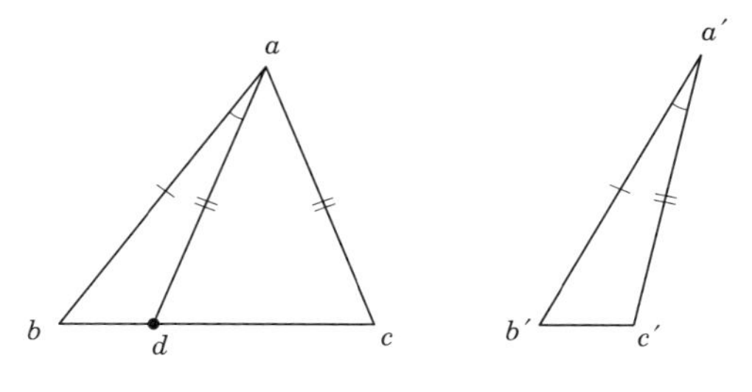

図 5. 11

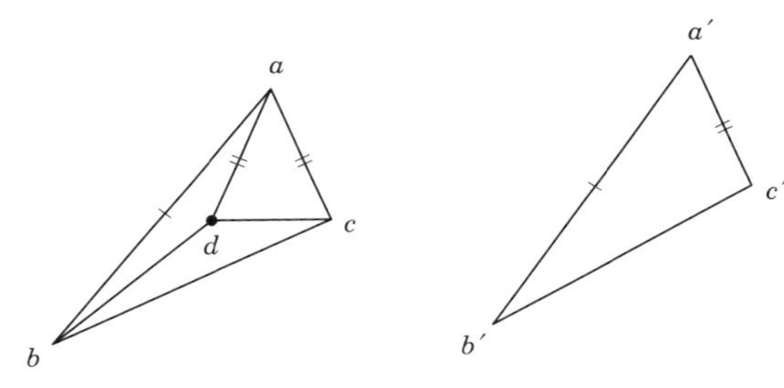

図 5. 12

に適用すると，$ad+bd < ac+bc$ を得るが，$ad \equiv ac$ なので，$bd < bc$ となる． □

注 エウクレイデスは case 1 だけを図示して，証明している．一番難しい場合だけを示して，残りの場合を読者に任せるのは，エウクレイデスばかりではなく，ギリシアの偉大な数学者に共通な習慣だとヒースは[1]に書いている．しかし case 3 の証明は case 1 とはまったく異なったタイプのアイデアを要するから，case 1 より易しいとは言えない．何やら不思議な習慣のように思える．

《命題25》 二つの三角形において，対応する 2 辺が互いに等しいならば，対辺が長い方の角が短い方の角よりも大きい．

これは背理法で簡単に示せる．

《命題26》 2 角夾辺合同定理 ASA，2 角対辺合同定理 AAS

二つの三角形は，2 角が互いに等しくて，それに挟まれる辺が等しいか，または等しい角の対辺の一つが互いに等しければ，合同である．

証明 三角形 abc と三角形 $a'b'c'$ において，$\angle abc \equiv \angle a'b'c'$，$\angle acb \equiv \angle a'c'b'$ かつ $bc \equiv b'c'$ とする．たとえば $ab > a'b'$ としよう．ab 上に $db \equiv a'b'$ なる d を取る．このとき《命題 4》が適用できて $\triangle dbc \equiv \triangle a'b'c'$ を得る．したがって，

$$\angle a'c'b' \equiv \angle dcb < \angle acb$$

となって矛盾を生じる．

後半の証明は読者に任せる． □

5.3 平行線の登場

2 直線 α, β が交わらないとき，**平行**であるといって $\alpha \parallel \beta$ と記す．$ab \parallel cd$ と書いたときは，ab を延長した直線と cd を延長した直線が平行という意味である．双曲幾何では，本書と異なり，平行線という言葉は限界平行線のことを指す教科書が多いので気を付けよう．

《命題27》 ある直線が 2 直線に交わって作る錯角が等しければ 2 直線は平行線をなす．

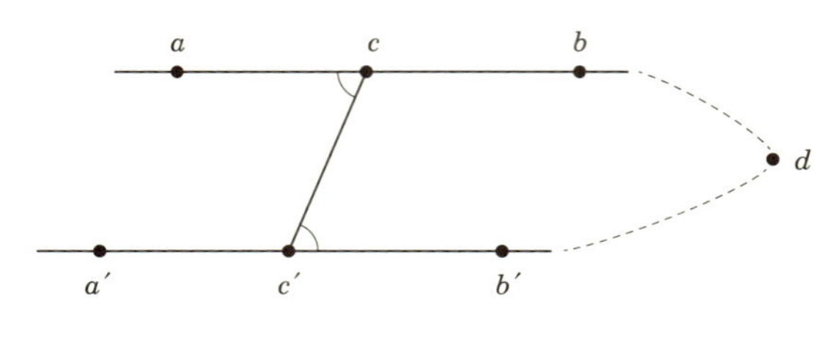

図 5.13

証明 （図 5.13 参照）

$\mathrm{B}(a, c, b)$ かつ $\mathrm{B}(a', c', b')$ で，$\angle acc' \equiv \angle b'c'c$ ならば $ab \parallel a'b'$ であることを示す．仮に $ab \nparallel a'b'$ として，交点を d とすると，三角形 dcc' の外角 $\angle acc'$ と内角 $\angle dc'c \equiv \angle b'c'c$ が等しくなり，外角定理に矛盾する． □

《命題28》 ある直線が2直線に交わって作る同位角が等しいか，または内対角の和が2直角ならば，2直線は平行線をなす．

定義5.2 $\angle acc' \equiv \angle a'c'c = \angle R$ なる平行線を点 c, c' に関する**基準的平行線**と呼ぶ．

角の複写を使えば，《命題27》，ならびに《命題28》によって，平行線の存在が証明されたことになる：

《命題31》 直線 ℓ とその上にない点 a が与えられると，a を通り，直線 ℓ に平行な直線を引くことができる．

次の《命題29》は《命題28》の逆である．証明には平行線公準が必要である，念のため平行線公準を再録しておこう：

E　ユークリッド幾何の平行線公準

2直線を切る直線があって，それらのなす内対角の和が2直角より小さいならば，2直線は交わる．

《命題29》 平行線公準Eの下で，直線が平行線に交わってできる錯角(あるいは同位角)はたがいに等しい．また内対角の和は2直角に等しい．

証明 図5.14において，$ab \| a'b'$ と仮定し，$\angle acc' < \angle b'c'c$ とすると，

$$\angle acc' + \angle a'c'c < \angle b'c'c + \angle a'c'c = 2\angle R$$

となる．ここで平行線公準を使うと，直線 ba は直線 $b'a'$ と交わる．これ

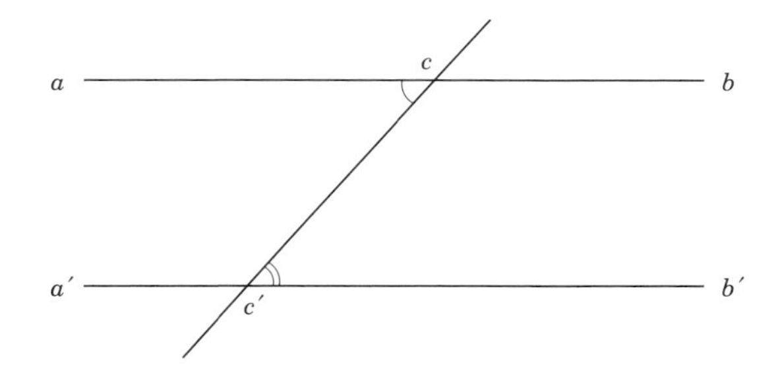

図5.14

は仮定に反する．その他の場合も同様である．□

《命題 28》,《命題 29》によって，ユークリッド幾何の平行線公準が，良く知られた次の形に同値であることが示されたことになる：

プレイフェアの公準

直線 ℓ とその上にない点 a に対し，a を通り ℓ に平行な直線がちょうど一本存在する．

プレイフェア(J. Playfair)は 18 世紀のスコットランドの数学者だが，この公準は，実は，5 世紀に生きたプロクロスの『原論第 I 巻注釈』([3])にすでに書かれている．

定義5.2　ユークリッド幾何

初等絶対幾何 $\mathbb{A}_0$ にユークリッドの平行線公準 E (同じことだが，プレーフェアの公準)を加えた理論を初等ユークリッド幾何と呼び，$\mathbb{E}_0$ と記すことにする．

2 階絶対幾何 $\mathbb{A}_0$ に平行線公準 E を加えた公理系(イメージ的に書けば，A+B+C+D+E)を 2 階ユークリッド幾何，あるいは実ユークリッド幾何と呼び，$\mathbb{E}_2$ と記す．

2 直線が一致する場合も平行ということにしておく．次の命題は，$\mathbb{E}_0$ では平行関係 $\|$ が推移律を満たすことを主張している：

《命題30》 $\mathbb{E}_0$ において，直線 α が直線 β に平行であり，さらに β が直線 γ に平行ならば，α は γ に平行である．

証明　図 5.15 (次ページ)において，$\alpha \| \beta, \beta \| \gamma$ とする．β が α と γ の間にある場合を扱うが，それ以外の場合もまったく同様である．α 上の点 a と β 上の点 b を任意に取る．直線 ab が γ と交わらないとするとプレイフェアの公準に矛盾する．そこで，直線 ab と γ の交点を c とする．仮定によって《命題 29》が適用できて，点 a における同位角は点 b における同位角と等しく，点 b における同位角は点 c における同位角に等しい．角の合同の推移性によって，点 a における同位角は点 c における同位角に等しい．

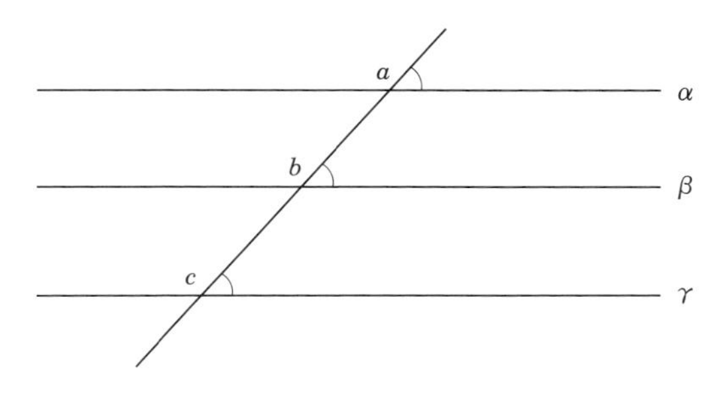

図 5.15

したがって，《命題 28》によって α は γ に平行である． □

$\alpha \| \beta$ から $\beta \| \alpha$ は明らかである．以上によって，次の命題が証明されたことになる：

命題5.1 初等ユークリッド幾何 $\mathbb{E}_0$ において，平行関係 $\|$ は同値律を満たす．

《命題32》 $\mathbb{E}_0$ において，三角形の内角の和は $2\angle R$ に等しい．

これはわざわざ証明を書くまでもなかろう．この後，『原論』では面積の問題に移っていく．以上で，『原論』第 I 巻の冒頭部分の解説を終える．双曲幾何で使われるのもこの辺りまでであるから，双曲幾何の基礎を論じる準備も整ったことになる．

最後に，円の交叉公理を前提としない絶対幾何，すなわち $\mathbb{A}_0^-$ では，『原論』第 I 巻《命題 28》までのうち，どの程度まで成り立つかについて，ハーツホーンが精細に調べているので，紹介しておこう．

命題5.2 『原論』第 I 巻の《命題 1》から《命題 28》までのすべての命題は《命題 1》と《命題 22》を除き，$\mathbb{A}_0^-$ で証明できる．

正三角形の代わりに 2 等辺三角形を使う，また円円交叉公理の代わりに垂線の存在を使うなど，ちょっと工夫すれば，証明を与えることができるということである．詳細は，ハーツホーン[37]，第 10 節を参照せよ．

5.4 補遺　角度について

初等絶対幾何 $\mathbb{A}_0$ のモデルにおいて，$0 \leqq \alpha \leqq 2\angle R$ なる角 α に非負実数を対応させるには何が必要かを考えてみよう．それが可能であったとすれば，対応する実数を $\varphi(\alpha)$ と書き，$\varphi(\angle R) = A$ となる正数 A を決めておくと，次が成り立っていなくてはならない：

(1) $0 \leqq \varphi(\alpha) \leqq 2A$
(2) $\varphi(\alpha) = \varphi(\beta) \Longleftrightarrow \alpha \equiv \beta$
(3) $\alpha < \beta \Longleftrightarrow \varphi(\alpha) < \varphi(\beta)$
(4) $\varphi(\alpha+\beta) = \varphi(\alpha)+\varphi(\beta)$

どうせ初等数学の範囲に収まらないので，角の定義を一般角にまで拡張しよう（ハーツホーン[37]による）．

初等絶対幾何 $\mathbb{A}_0$ のモデル $\mathscr{E}$ を一つ固定しておき，すべてここで考えることにする．

H を $\angle R$ より小さいすべての角の成す集合 $\{\alpha | \alpha < \angle R\}$，$\mathbb{Z}$ を整数域とし，

$$G = \mathbb{Z} \times H$$

を考える．そして次のようにして G に加法を導入する：

$$(n_1, \alpha_1)+(n_2, \alpha_2) = \begin{cases} (n_1+n_2, \alpha_1+\alpha_2) & (\alpha_1+\alpha_2 < \angle R \text{ のとき}) \\ (n_1+n_2+1, \alpha_1+\alpha_2-\angle R) & (\alpha_1+\alpha_2 \geqq \angle R \text{ のとき}) \end{cases}$$

$(n_1, \alpha_1) < (n_2, \alpha_2)$ を $n_1 < n_2$，あるいは $n_1 = n_2$ かつ $\alpha_1 < \alpha_2$ が成り立つこととして G に順序を定義すれば，次を証明することは容易である：

命題5.3 以上のように定義された加法と順序によって一般角の成す集合 G は順序加群となる．

証明 ほとんど自明であろう．たとえば，零元は $(0,0)$ であり，(n, α) の逆元は $(-n, \angle R-\alpha)$ である．　□

これから，G が $\mathbb{R}$ の成す順序加群の部分加群と同型になることを証明しよう．これがきちんと説明されているのは，私の知る限りでは，Borsk[17]，Ch. Ⅲ, §10 "Measure of Angles" だけである．

A を一定の正実数，たとえば $A = \dfrac{\pi}{2}$ として $\varphi(0) = 0$，$\varphi(\angle R) = A$ としよ

う．u を正の 2 進数とする．すなわち

$$u = \frac{v}{w}, \qquad v\,(\neq 0) \in \mathbb{N},\ \ w = 2^m \quad (m \in \mathbb{N}), \qquad (v, w) = 1$$

という形に書ける有理数とする．そうすると，角の 2 等分が可能であり，角の自然数倍も容易に定義できるから $u\angle R$ は一般角として意味を持つ．そこで

$$\varphi(u\angle R) = u\varphi(\angle R) = uA$$

と定義する．

α を $\mathscr{E}$ における任意の正の角とする．$\varphi(\alpha)$ を定義しよう．そのために Θ を 2 進数の成す集合とし，Θ を二つの部分集合に分割する：

$$\Theta = \Theta_1 \cup \Theta_2$$

ここに

$$\Theta_1 = \{x \in \Theta \mid x\angle R \leqq \alpha\}, \qquad \Theta_2 = \{x \in \Theta \mid x\angle R > \alpha\}$$

このとき 2 進数の集合 Θ の有理数体 $\mathbb{Q}$ における稠密性から Θ_1, Θ_2 がデデキントの切断公理の仮定を満たしているとみなしてよいことがわかるから，Θ_1 と Θ_2 の境界点 $a\,(\in \mathbb{R})$ が一意的に存在することになる．そこで

$$\varphi(\pm\alpha) = \pm a, \qquad \varphi(0) = 0$$

と定義する．この φ が冒頭に述べた諸条件を満たすことはルーティンで示せるので，以上によって初等絶対幾何 $\mathbb{A}_0$ のモデルにおいては，角度という概念が導入できることが示されたことになる．

なお，一般角の成す順序加群 G が加群として $\mathbb{R}$ と同型になるためには，すなわち任意に与えられた実数 a に対して $\varphi(\alpha) = a$ となる一般角の α が存在するためには，$\mathscr{E}$ が $\mathbb{A}_2$ のモデルになっていることが必要十分である．

第6章

双曲幾何の深淵を覗いた男

6.1 サッケーリ

サッケーリ(G. G. Saccheri：1667-1733)はイエズス会のコレジオで，「チェヴァの定理」で有名なジョヴァンニ・チェヴァ(G. Ceva：1647-1734)とその弟トンマーゾ・チェヴァ(T. Ceva：1648-1737)に師事した．トンマーゾからクラヴィウス版『原論』を読むように勧められて，幾何学研究に入った．クラヴィウス(C. Clavius：1538-1612)が，ユークリッド幾何を神の絶対的普遍的秩序を具現した学問と観て，イエズス会に幾何学を取り入れ，イエズス会を数学研究の中心地にした経緯，そしてイエズス会がガリレオ派(カヴァリエーリ，トリチェッリなど)の無限小を基礎にした研究を，神の秩序を危うくする，妖(あやかし)の学問と観て徹底的に弾圧した歴史はA. アレクサンダー『無限小』([49])によって，世に広く知られるようになった．

サッケーリはそれまでの平行線公準研究に新しい道を切り拓いた．古代・中世においては，平行線公準をほかの公理・公準から証明しようという試みが一般的だったが，サッケーリの時代には，平行線公準をより自然で自明な公理によって置き換えるという研究が盛んになっていた．そこにサッケーリは，平行線公準が成り立たないと仮定して矛盾を導き，結果として平行線公準の成立を証明するという新しい手法を導入したのである．平行線公準が成り立たないという仮定からは，正方形が存在しないことや，鋭角を成す一組の半直線の1辺で立てた垂線がもう1辺と必ずしも交わらないことなど，いわゆる「直観」に反する「怪奇」現象が多々生じるので，図形的直観に頼らず論理だけで論証を進める強靱な頭脳が求められる．サッケーリはすでに論理学に関する優れた著作を持つ人で，こういう研究方法に向いていたと思われる．

サッケーリの得た諸結果は“*Euclides ab Omni Naevo Vindicatus*”([5]：『すべ

てのあざを除去されたエウクレイデス』と訳される)で英訳を読むことができる．この偉大な著作は，異端審問所から出版許可が下りるのに時間がかかったせいか，サッケーリが出版をためらったせいかは不明だが，1733年，死去の2か月前に出版された．そして1889年数学者ベルトラーミ(E. Beltrami：1835-1900)によって([5]の英訳者の序文によればマンガノッティ神父によって)発見されるまでの150年余り，ほぼ忘却の彼方にあった．

サッケーリはサッケーリ四角形(下記定義6.1参照)を，頂角の大きさに従って，鈍角仮定，直角仮定，鋭角仮定に3分類して，直角仮定以外は起こり得ないことを証明しようとした．鈍角仮定は比較的容易に排除することができたが，鋭角仮定は(結果から見れば当然のことながら)なかなか排除できなかった．鋭角仮定から，今で言えば，双曲幾何で成り立つ「一種異様な」命題群を証明したが，論理的な矛盾に達することはできなかった．そして限界平行線の存在をもってサッケーリは「鋭角仮定は完全に偽である；それは直線の本性に矛盾するからである(命題33)」と，後年ルジャンドル(A. M. Legendre：1752-1833)が漏らしたと同様の，おざなりな結論を下した．ただし，決してそれに満足してはいなかったようで，命題33以降も種々考察を続けている．

双曲幾何を望見していながら，どうしてここで一歩を踏み出せなかったのかは疑問とされるが，イエズス会のコレジオの教授として生涯を送ったサッケーリには，ユークリッド幾何の絶対性を否定することは心理的にも思想信条的にもできない相談であったことは(イエズス会の何たるかを知る者にとっては)明らかであろう．ましてや，異端審問所に続いてイエズス会の審査も受けねばならないのだから，先のような結論以外に下しようもなかったのである．

本章では初等絶対幾何 $\mathbb{A}_0$ における考察を行う．ユークリッド幾何の平行線公準が仮定されていないことを再度認識してから始めることにしよう．

サッケーリの著作[5]は，『原論』第I巻の冒頭部分を読み終わったわれわれには頃合いの命題から始まっている．最初の三つの命題を一つにまとめて紹介しよう．そのためにまず定義から：

定義6.1　サッケーリ四角形

線分 ab の両端で，等しい長さの垂線 ac, bd を立てる(図6.1，次ページ)．c, d を結んで得られる四角形 $abcd$ をサッケーリ四角形[1]と呼ぶ．

---

1) 四辺形という本が多い．三角形は triangle の訳だから，quadrilateral の訳は四辺形ということかもしれないが，凸図形の場合は同じことなので，日本語として慣れた四角形を使うことにする．

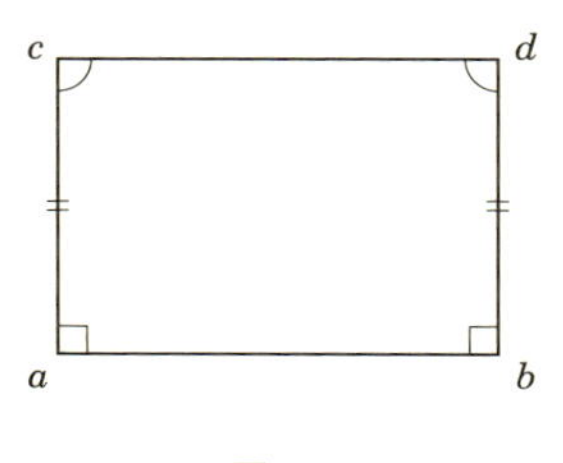

図 6. 1

記号 a, b, c, d の順序がやや見慣れないが，原典[5]に従う．次の命題が成り立つ：

命題6. 1　サッケーリ四角形 $abcd$ に対して次が成り立つ：

(1) 二つの頂角は等しい：$\angle acd \equiv \angle bdc$.

(2) 辺 ab の中点 e と cd の中点 f を結ぶ直線は ab と cd の双方に垂直である：$ef \perp ab \wedge ef \perp cd$.

(3) 頂角が鈍角(直角，あるいは鋭角)であるためには

$$ab > cd \ (ab \equiv cd,\ あるいは\ ab < cd)$$

が必要十分である．

証明　(1)《命題 4》(2 辺夾角合同定理 SAS)によって $\triangle abc \equiv \triangle bad$ を得るので，$bc \equiv ad$ が成り立つ．したがって，3 辺合同(SSS)によって，$\triangle adc \equiv \triangle bcd$ を得て，$\angle acd \equiv \angle bdc$ となる．

(2)(図 6.2 参照)(1)より SAS が適用されて，$\triangle acf \equiv \triangle bdf$ を得る．よって $af \equiv bf$ となり，SSS によって $\triangle aef \equiv \triangle bef$ である．したがって，$\angle aef \equiv \angle bef$ が成り立つ．ゆえにこれらの角は直角である．

(3) $ab > cd$ とすると，当然 $ae > cf$ である．線分 ae の上に，$he \equiv cf$

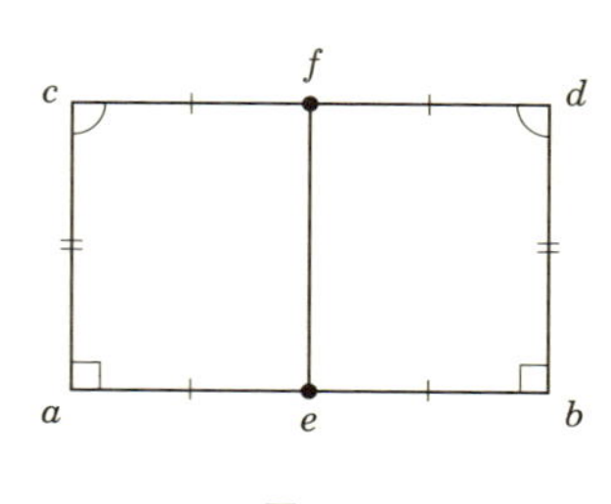

図 6. 2

となる点 h を取ると，図形 $efhc$ はサッケーリ四角形である．ゆえに(1)により $\angle che \equiv \angle hcf$ を得る．ゆえに，

$$\angle R = \angle cab < \angle che \equiv \angle hcf < \angle acf \equiv \angle acd$$

となって，$\angle acd > \angle R$ が結論される．

$ab < cd$ の場合は cf 上に $ae \equiv hf$ なる h を取れば，同様にして $\angle acd < \angle R$ が示される．$ab \equiv cd$ の場合は $efac$ がサッケーリ四角形となり，$\angle acd \equiv \angle cab = \angle R$ を得る． □

読者の目には(私の目にもだが)，サッケーリ四角形は単なる長方形にしか見えないだろうが，それは学校教育の刷り込み効果でそう見えるのかもしれないし，図形が小さすぎて，そう見えるだけなのかもしれない(?!)．

サッケーリ四角形の頂角が鋭角(直角，あるいは鈍角)である場合，サッケーリは**鋭角(直角，あるいは鈍角)仮定**が満たされると定義した．平行線公準を研究する場合，三角形よりは四角形を扱う方が自然だったと思われる．サッケーリや後代のランベルト(J. H. Lambert：1728–1777)などは皆四角形の形で研究している．ランベルトの場合は，三つの内角が直角である四角形に基づいて研究したので，こういう四角形は**ランベルト四角形**と呼ばれる．平行線公準に関するランベルトの功績は Bonola[13]，近藤洋逸[23]を参照せよ．

三角形の内角の和，ランベルト四角形，サッケーリ四角形の間の関係は次の補題で示される：

補題6.1 $\mathbb{A}_0$ においては，次の三つの命題は同値である：

(1) どの三角形の内角の和も2直角より小さい(等しい，あるいは，大きい)．

(2) どのランベルト四角形についても，残りの内角は鋭角(直角，あるいは鈍角)である．

(3) どのサッケーリ四角形についても，頂角は鋭角(直角，あるいは鈍角)である．

証明 (1)を仮定する．図6.3(次ページ)の真ん中のランベルト四角形を考えると，仮定から $\alpha+\gamma < \angle R$，かつ $\beta+\delta < \angle R$ が成り立つ．両辺を加えて，$\gamma+\delta = \angle R$ を使えば，$\alpha+\beta < \angle R$ が従う．ゆえに (1) ⇒ (2) である．

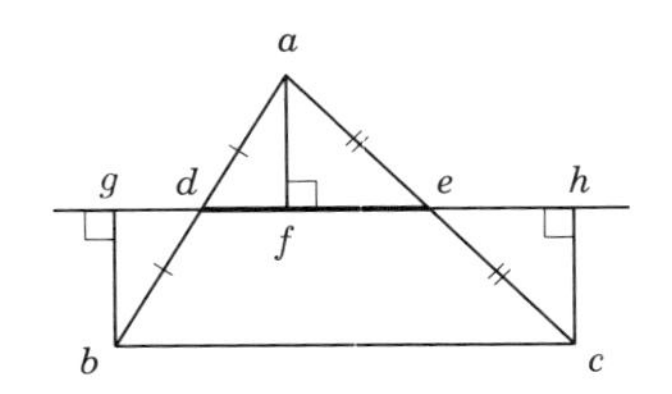

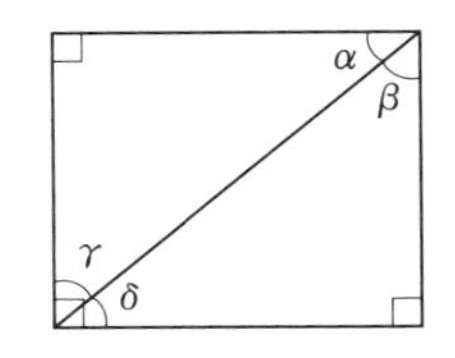

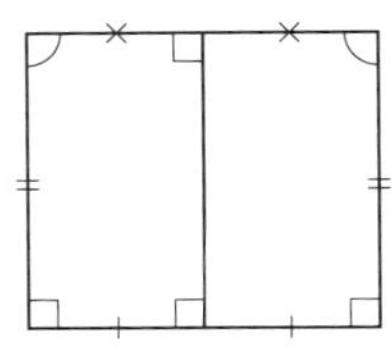

図 6. 3

(2)を仮定する．図 6.3 の右端のサッケーリ四角形を考え，底辺と上辺の 2 等分点を結べば，命題 6.1 によってランベルト四角形が得られる．したがって仮定によって，頂角は鋭角である．ゆえに (2) ⇒ (3) である．

(3)を仮定する．図 6.3 の左端の三角形 abc を考える．線分 ab の中点 d と線分 ac の中点 e を結ぶ直線に a, b, c から下した垂線の足をそれぞれ f, g, h とする．$\triangle dbg \equiv \triangle daf$，$\triangle ech \equiv \triangle eaf$ が成り立つ．ゆえに $bg \equiv af \equiv ch$ を得て，$ghbc$ がサッケーリ四角形を成すことがわかる．ゆえに

$$\begin{aligned}\angle bac + \angle abc + \angle acb &\equiv (\angle abg + \angle ach) + (\angle abc + \angle acb) \\ &\equiv (\angle abc + \angle abg) + (\angle ach + \angle acb) \\ &\equiv \angle gbc + \angle hcb < 2\angle R\end{aligned}$$

よって(3) ⇒ (1)である． □

6.2 サッケーリの定理

サッケーリの定理を述べよう．記述を簡単にするために次の定義を置く：

定義6.1　不足角

三角形 abc の不足角 $\Delta(abc)$（略して Δ）を

$$\Delta(abc) = 2\angle R - (\angle a + \angle b + \angle c)$$

によって定義する．ここに $\angle a = \angle bac$ 等とする．

注　Δ が負になることもある．これは $\angle a + \angle b + \angle c > 2\angle R$ という意味だと解釈してもよいが，角度の概念が導入されていると考えることもできる．本書では，簡明のため，後者の解釈を採用する．

補題6.2　不足角の加法性

三角形 abc の辺 bc 上に点 d を取るとき，次が成り立つ：

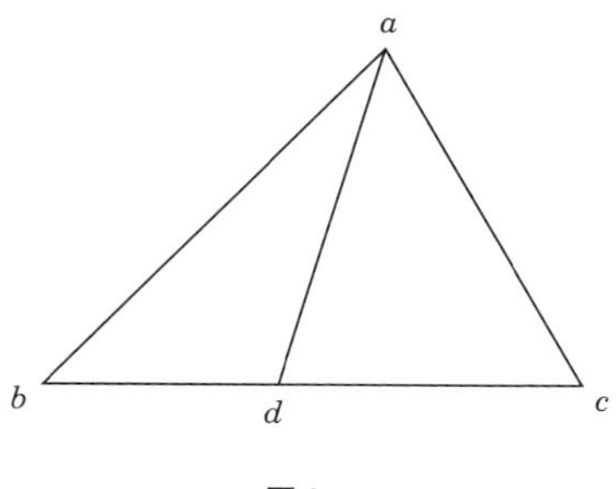

図 6.4

$$\Delta(abc) \equiv \Delta(abd) + \Delta(acd)$$

証明

$$\angle a \equiv \angle bad + \angle cad, \qquad \angle adb + \angle adc = 2\angle R$$

を使えば「右辺 ≡ 左辺」は容易に示せる(図 6.4 参照). □

サッケーリの第一定理(デーン版)

絶対幾何 $\mathbb{A}_0$ において，$\Delta = 0$ (> 0，または < 0)なる三角形の存在を一つでも仮定すれば，どの三角形に対しても $\Delta = 0$ (> 0，または < 0)である.

$\Delta = 0$ (> 0，< 0) のケースをそれぞれ**半ユークリッド的**(**半双曲的**，**半楕円的**)と呼ぶこともある.

サッケーリの第二定理(グリーンバーグ版)

絶対幾何 $\mathbb{A}_0$ において，アリストテレスの公理を仮定すると，$\Delta \geqq 0$ が成り立つ.

サッケーリの第三定理(グリーンバーグ版)

絶対幾何 $\mathbb{A}_0$ において，アリストテレスの公理を仮定すると，$\Delta = 0$ ならば，ユークリッドの平行線公準が成り立つ.

アリストテレスの公理については後述する.

サッケーリの第二定理，および第三定理はルジャンドル(やや遅れてガウス)以来，アルキメデスの公理を仮定する形で知られてきた．たとえば，第二定理は次のように述べられる：

サッケーリの第二定理(ルジャンドル版)

初等絶対幾何 $\mathbb{A}_0$ において，アルキメデスの公理を仮定すると，$\Delta \geqq 0$ が成り立つ．

証明　まず，与えられた三角形 abc と内角の和(それを S としよう)が等しく，$\angle a_1 \leqq \frac{1}{2}\angle a$ なる三角形 $a_1a_2a_3$ が存在する．それは図 6.5 を見れば三角形 aec の内角の和も S で，しかも $\angle bad$ か $\angle cad$ のどちらかは $\angle a$ の半分以下であることがわかるからである．

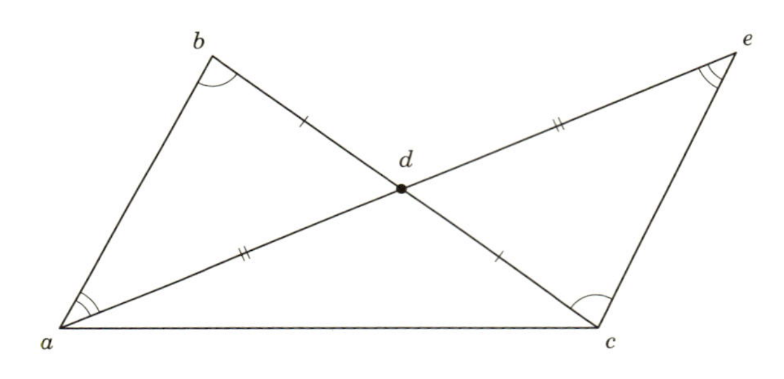

図 6. 5

これを繰り返せば(厳密には数学的帰納法を使って)，同じ内角の和 S を持つ三角形 $a_nb_nc_n$ で

$$\angle a_n \leqq \frac{1}{2^n}\angle a$$

なるものが存在する．仮に $\Delta = 2\angle R - S < 0$ とすれば，アルキメデスの公理を角の場合に使うこと[2)]によって，

$$\angle a_n \leqq \frac{1}{2^n}\angle a < -\Delta$$

を満たす n が存在する．したがって，

$$\angle b_n + \angle c_n = 2\angle R - \angle a_n - \Delta > 2\angle R$$

を得て，三角形の二つの内角の和は2直角より小さいことを主張する『原論』の《命題 17》に反する．ゆえに $\Delta \geqq 0$ である．□

上掲の「アリストテレスの公理」を前提とするサッケーリの定理はグリーンバーグによって与えられた(Greenberg[42]参照)．グリーンバーグ(M. J.

Greenberg：1935-2017)はごく最近亡くなったアメリカの数学者で，S.ラングの弟子だということである．第12章で述べるグリーンバーグの定理といい，幾何学基礎論が本来の専門ではない数学者による重要な貢献であると思う．

アリストテレスの公理というのは，おそらく読者にとって耳慣れない術語だろうが，プロクロス[3]に公理とは呼ばれていないが既に登場する：

At　アリストテレスの公理

線分 pq と鋭角 $\angle bac$ が図6.6のように与えられているとする．角の辺 $\overrightarrow{ab}$ 上の点 d から辺 $\overrightarrow{ac}$ に下した垂線 de が与えられた線分 ab より大きくなるように d を選ぶことができる．

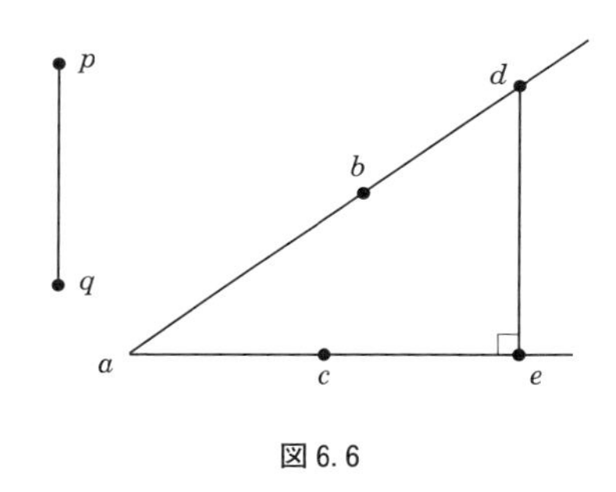

図6.6

要するに，角に挟まれる間隔はいくらでも大きくなるという，一見自明そうな主張である．しかし，この自明そうな命題が初等絶対幾何の公理系(言い換えれば『原論』の公理系)からは証明できない．

なお，主張を $\overrightarrow{ac}$ 上に立てた垂線としても同じようなものだが，そうはいかない．双曲幾何で見るように，垂直に立てた直線が上辺 $\overrightarrow{ab}$ に交わらないということが起きるからである．

なお，アリストテレスに何の関係があるのかについて一言しておこう．アリストテレスは『天体論』第5章で一番遠い天は円を成して回転しているのだから，無限半径の円運動は存在しないと論じている．これだけのことが根拠で「アリストテレスの公理」と名付けるのもこじつけのような気がする．

アリストテレスの公理がアルキメデスの公理と関係するだろうとは予測できるが，実際次の命題が成り立つ．しかし，証明は上述のサッケーリの第二定理

2) ハーツホーン[37]，補題35.1参照．

(ルジャンドル版)を使わねばならず，想像するほど容易ではない：

命題6.2 アルキメデスの公理 Am からアリストテレスの公理 At が従う．

証明 $\angle bac$ を考える(図6.7参照)．$\overrightarrow{ab}$ 上の点 d から $\overrightarrow{ac}$ に垂線を下ろし，その足を e とする．$ad \equiv df$ を満たす $\overrightarrow{ab}$ 上の点 f を取る．f から $\overrightarrow{ed}$ 上に垂線を下ろし，その足を g とする．AAS 合同定理(《命題 26》)により $\triangle ade \equiv \triangle fdg$ が成り立つので，$eg \equiv 2de$ である．f から $\overrightarrow{ac}$ 上に垂線を下ろし，足を h とする．$gefh$ はランベルト四角形であるから，サッケーリの第二定理(ルジャンドル版)と補題 6.1 によって，$\angle gfh \leqq \angle R$ が成り立つ．したがって後述の補題 6.3 によって $eg \leqq fh$ を得る．すなわち $2de \leqq fh$ である．これを続ければ $2^n de$ を超える長さの垂線が存在することになる．

与えられた線分を pq とすれば，Am によって，$pq \leqq 2^n de$ となる n を取ることができるので，結果が得られたことになる． □

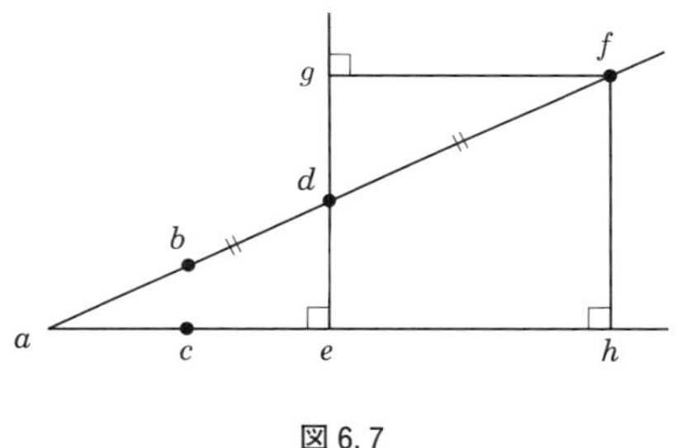

図 6.7

アルキメデスの公理 Am に代えてアリストテレスの公理 At を使うのが何が嬉しいかと言えば，At の方が Am より弱いということだけではなく，At は1階述語論理で表せる，したがって初等絶対幾何の範囲内の命題だからである．

(Bonola[13]を筆頭として)ほとんどの本に，半楕円的ケースが排除されるのは「直線が無限である」という仮定を置くからであると強調されている．最近の教科書ハーツホーン[37]，Greenberg[42]以前はほとんどそうだったのかもしれない．たとえば近藤洋逸[23]では，サッケーリがアルキメデスの公理 Am を用いたのは，直線の無限性を認めることであり，それによって半楕円型を排除したのは，彼の証明の「重大な欠陥である」と論難されている．しかし解析的連続性を自明視する20世紀以前の数学では，Amも問題なく成り立つ命題であって，これをもって証明の重大な欠陥とするのは歴史認識がおかしい[3)].しかも，そもそも，次節で実例を挙げるように，直線の長さが無限であっても，三角形の内角和が2直角を超えるモデルが存在するのである.

サッケーリの時代には『原論』の(すなわちわれわれの言葉で言えば，初等絶対幾何，平たく言えば，初等ユークリッド幾何の)範囲で研究するという精神からは逸脱，あるいは進化していて，解析的な連続性やアルキメデスの公理は意識することなく使われるようになっていたらしい.あるときには，公理の独立性や公理系からの証明にこだわり，同じ幾何でありながら先端的な命題を扱うときは平気で解析的連続性を使う，といった杜撰さには，明確な説明が与えられていないために，今となってはその心理にはあまり良く理解できないものがある.

サッケーリ([5])は，第3章でも述べたように，中間値の定理やデデキントの切断公理に当たることをしばしば断りなく使っている.したがって，サッケーリが種々の定理を証明したと言っても，それは初等的に(つまり初等絶対幾何の範囲で)証明したという意味ではないのであって，「発見的(heuristic)な」証明を与えたというのが正しい評価であろう.

6.3 サッケーリの定理の証明

サッケーリの第一定理はルジャンドル，やや遅れてガウスによってアルキメデスの公理を使うエレガントな証明を与えられており，双曲幾何を解説した多くの本で紹介されている(たとえば，寺阪[30]).しかしながら，ヒルベルトの弟子デーン(M. Dehn：1878-1952)はアルキメデスの公理を仮定しない証明を見出した.以下に紹介する証明は，シューア(F. Schur：1856-1932)による簡易化[12]をさらにわかり易くしたハーツホーンの与えた証明に基づく([37]).なお，Bonola[13]にも独自の簡易化に基づく証明が書かれているが，理解しがたい点がある.

まずいくつか補題を準備する.すべて$\mathbb{A}_0$における命題である.

補題6.3 $abcd$ を $\angle a \equiv \angle b = \angle R$ なる四角形とすると次が成り立つ：
$ac < bd \Longleftrightarrow \angle c > \angle d$

3) こういうことが言えるのも，1階論理と2階論理の違いが明確になったおかげであろう.

証明　$ac < bd$ とする．bd 上に $be \equiv ac$ なる点 e を取る(図 6.8 参照)．

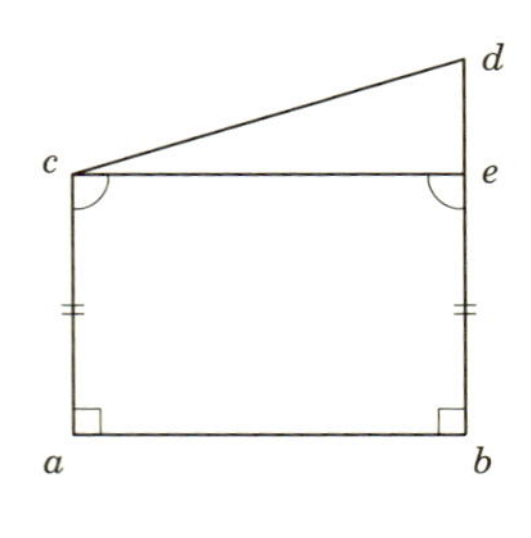

図 6.8

$abce$ はサッケーリ四角形だから，命題 6.1 によって $\angle ace \equiv \angle bec$ である．

$$\angle d < \angle bec \equiv \angle ace < \angle c$$

を得る．$ac > bd$ ならば，図を反対に見て，$\angle d > \angle c$ を得る．ゆえに，結論を得る．□

補題6.4　$abcd$ をサッケーリ四角形とし，点 p を直線 cd 上の点とする．p から直線 ab に垂線を下ろして，足を q とする．このとき次が成り立つ：

$$\angle c：鋭角 \iff \begin{cases} pq < bd & (q\text{ が }a\text{ と }b\text{ の間のとき}) \\ pq > bd & (q\text{ が }a\text{ と }b\text{ の間にないとき}) \end{cases}$$

鋭角を鈍角に取り換えると，不等号が逆になる．また直角の場合は，等号になる．

証明　**case 1.**　q が a と b の間にあるとする(図 6.9 参照)．

$$\alpha = \angle c, \quad \beta = \angle cpq, \quad \gamma = \angle dpq$$

と記す．もし $pq < bd \equiv ac$ ならば，補題 6.3 より $\alpha < \beta$ かつ $\alpha < \gamma$ とな

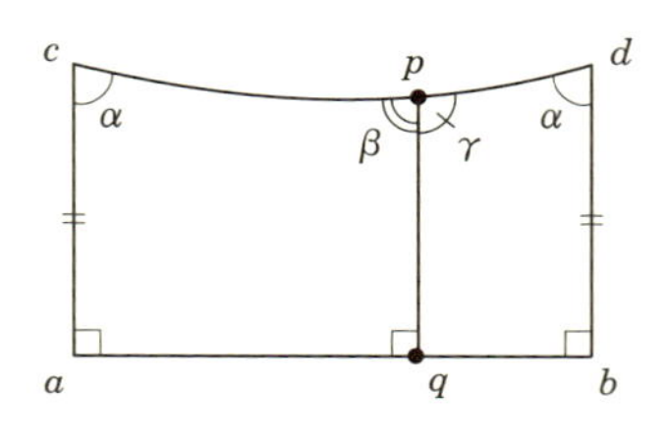

図 6.9

る．ゆえに $2\alpha < \beta+\gamma \equiv 2\angle R$．つまり α は鋭角である．$pq \equiv ac$ の場合と $pq > ac$ の場合も同様であるから，結論が従う．

case 2.　q が a と b の間にないとする．一般性を失わずに $\mathrm{B}(c,d,p)$ と仮定できる(図 6.10 参照)．$pq \equiv bd$ とする．$bd \equiv qe$ となる e を線分 pq 上に選ぶ．

$$\alpha = \angle cdb, \quad \beta = \angle edb, \quad \gamma = \angle ace, \quad \delta = \angle edp$$

と記す．δ は三角形 cde の外角なので，$\delta > \angle dce = \alpha-\gamma$ である．また，$\beta = \angle deq > \gamma$ でもある．

$$\angle R = \alpha+\beta+\delta > \alpha+\gamma+(\alpha-\gamma) = 2\alpha.$$

ゆえに $\alpha \equiv \angle c$ は鋭角である．他の場合も同様である．　□

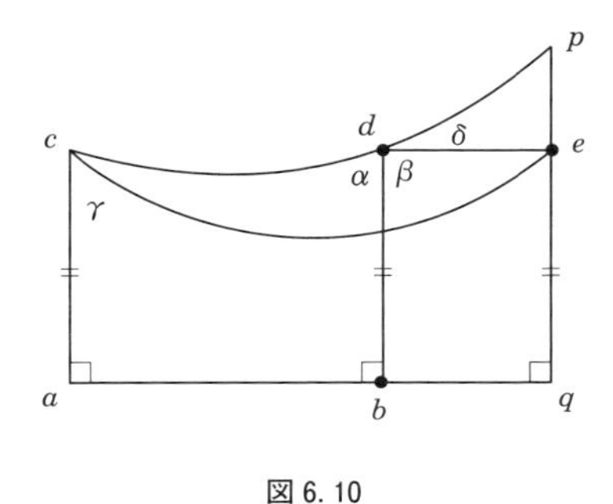

図 6.10

証明　**サッケーリの第一定理(デーン版)の証明**

今サッケーリ四角形 $abcd$ が鋭角仮定を満たすとし，$abcd$ の中線を ef とする．

第 1 段　ef を中線として持つようなサッケーリ四角形 $a'b'c'd'$ はすべて鋭角仮定を満たすことを証明する(図 6.11 参照，次ページ)．まず，$ab < a'b'$ の場合を考える．四角形 $ab'cd'$ に補題 6.3 を適用すると，α が鋭角なら，$bd = ac < b'd'$ を得る．次は，$a'bc'd$ に補題 6.3 を適用すれば，$\alpha' < \alpha < \angle R$ を得て，$a'b'c'd'$ も鋭角仮定を満たす．$a'b' < bc$ の場合は，考察を逆にすれば結果を得る．したがって，中線が ef に等しいサッケーリ四角形はすべて鋭角仮定を満たす．

第 2 段　次に，任意に線分を与えて，その線分を中線として持つサッケーリ四角形が存在し，鋭角仮定が満たされることを証明する．$abcd$ を鋭角

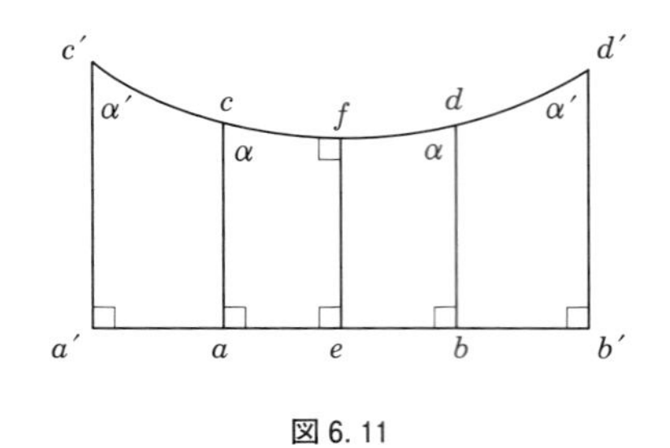

図 6.11

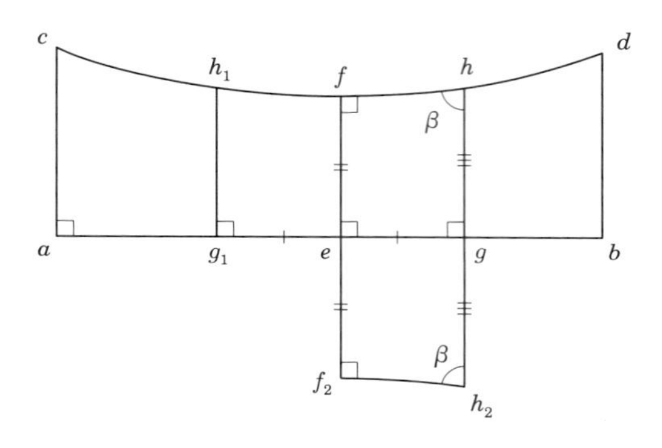

図 6.12

仮定をみたすサッケーリ四角形とし，ef をその中線とする．半直線 $\overrightarrow{eb}$ 上の点 g を eg が与えられた線分であるように取る[4]．g で立てた cd への垂線と cd との交点を h とする．ef が中線であるサッケーリ四角形 g_1gh_1h（図 6.12 参照）を考えると，上に証明したように $\beta = \angle fhg$ は鋭角である．そこで eg を中線とするサッケーリ四角形 ff_2hh_2（図 6.12 参照）を考えると，鋭角仮定を満たしていることになる．

以上によって，いかなる長さの中線を持つサッケーリ四角形も鋭角仮定を満たすことが証明された．ほかの場合もまったく同様であるので，定理が証明されたことになる． □

驚嘆すべき巧妙な証明である．証明に至るまでの補題や命題の積み重ねを考えれば，困難を極めたと言えるだろう．デーンによって証明されてから 100 年経っても，こんな程度の改良であるということは，ちょっとやそっとでは簡易化できないということだろう．第 12 章で解説する鏡映理論では，モデルの分類の結果として，サッケーリの定理が出てくるから，このような，技巧的不自然さはない．しかし，分類の結果に至るまでの道程は相当なものであるから，鏡映理論でもサッケーリの第一定理の証明は容易ではないことになる．

次は，グリーンバーグが[42]の中で“This is a new result.”(p. 185)と自慢している定理の証明である：

証明　サッケーリの第二定理(グリーンバーグ版)の証明

αを直線とし，aをα上にない点とする．aからαに垂線abを下す(図6.13)．aを通るαに対する基準的平行線をβとする．γをaを通るβ以外の任意の直線とする．xをγ上の点で，βに関してbと同じ側にある点とする．xからβに垂線xyを下す．またxから直線abに下した垂線の足をcとする．

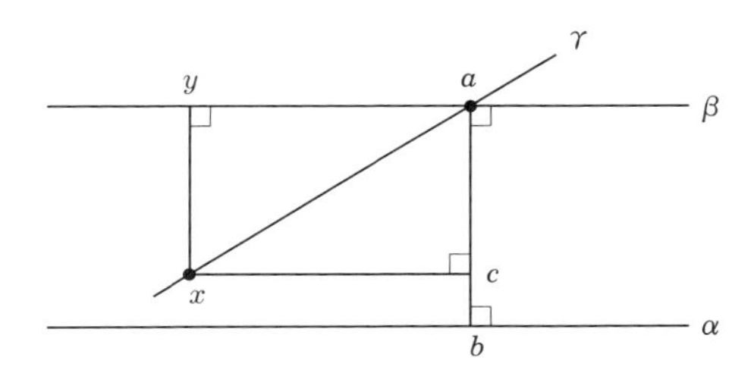

図 6. 13

ここで，$\Delta < 0$と仮定しよう．このときユークリッドの平行線公準は成立しないので，αとは交わらないγが存在する．

四角形$acyx$はランベルト四角形であるから，$\Delta < 0$という仮定によって$\angle yxc > \angle R$である．ゆえに，補題6.3により$xy < ac < ab$(一定)である．これはaを始点とするβとγの成す角がアリストテレスの公理を満たさないことを示している．以上によってAtが成り立てば，$\Delta \geqq 0$であることがわかった． □

証明　サッケーリの第三定理(グリーンバーグ版)の証明

証明は第二定理の証明の途中まで一緒である．$\Delta = 0$と仮定しよう．γが常にαと交わることを示せばよい．

4) gは必ずしもeとbの間の点とは仮定していないことには注意を要する．

$\Delta = 0$であるから，$\angle cxy$は直角である．すなわち$acyx$は長方形である．ゆえに$xy \equiv ac$である．アリストテレスの公理を使って，$xy > ab$に選べば，c，したがってxはαに関してaと反対側にあることになる．これはγがαと交わることを意味している．□

6.4 非アルキメデス型モデル

「半ユークリッド的」などの「半」という接頭辞が意味のあるものであることをみていこう．

詳細な定義は次章で行うことにして，以下簡単にデカルト座標平面が，適当な条件の下にユークリッド幾何のモデルになることを説明しておく．

普通，**デカルト座標平面**とは，座標軸に実数体$\mathbb{R}$を使って

$$\mathbb{R}^2 = \{(x, y) \mid x \in \mathbb{R},\ y \in \mathbb{R}\}$$

と表される集合のことである．実際には実数体でなくても，加減乗除ができて，この四則と整合的な順序を備えた集合，すなわち**順序体**でありさえすれば，同じように座標軸として使えるはずである．たとえば，有理数体$\mathbb{Q}$でもよい．しかし，座標が有理数であれば，円と円の交点の座標には平方根が出てきて有理数ではなくなるので，絶対幾何のモデルにはなり得ない．そこで座標軸として使われる体Fとしては，正元は平方数となるという条件$(\alpha > 0 \rightarrow \exists\beta(\alpha = \beta^2))$を満たすものを使うことになる．こういう順序体を**ユークリッド的順序体**であると言うことにする．

さてFをユークリッド的順序体として，

$$F^2 = \{(x, y) \mid x \in F,\ y \in F\}$$

と定義し，直線や距離を普段の解析幾何のように定義すれば，絶対幾何の公理はもとより，平行線公準も満たされることは容易に想像できるだろう．すなわち，F^2は初等ユークリッド幾何$\mathbb{E}_0$のモデル(の台集合)である．

次に，アルキメデスの公理を満たさないような順序体(非アルキメデス的順序体)を考えよう．たとえば，tを変数とする実数係数の有理関数(すなわちtの多項式の商として表せる関数．ただし分母は恒等的には0でない)のなす体を$\mathbb{R}(t)$と記す．すなわち

$$\mathbb{R}(t) = \left\{ \frac{f}{g} \,\middle|\, f, g \text{ は } t \text{ の実係数多項式で，} g \not\equiv 0 \right\}$$

この$\mathbb{R}(t)$に自然な順序を入れる．たとえば

$$\cdots < \frac{1}{t^2} < \frac{1}{t} < a\,(\text{任意実数}) < t < t^2 < \cdots$$

である．正確に言えば，分母と分子の最高次の係数が同符号のとき，有理関数は正であるとするのである．

不定元 t は実数に対して無限大の役割を果たしている．つまり，正実数 a に対していくら大きな自然数 n を持ってきても $na < t$ であるため，アルキメデスの公理はここでは成り立たない．すなわち，$\mathbb{R}(t)$ は非アルキメデス的順序体である．この体を拡大してユークリッド的になるようにする．つまり，アルキメデスの公理の成り立たないユークリッド的順序体が存在するのである．

例6.1　半ユークリッド的だが平行線が無数に存在するモデル

F を上で述べたような非アルキメデス型のユークリッド的順序体として，F 上のデカルト座標平面 F^2 を考える．F^2 の中で座標 x, y が有限数であるものの集合を G^2 とする($x \in F$ が有限数とは $|x| < a$ なる実数 a が存在すること)：

$$G^2 = \{(x, y) \in F^2 | x, y \text{ は有限数}\}$$

G^2 は自然に $\mathbb{A}_0$ のモデルとみなせるが，G^2 における三角形が $\Delta = 0$ を満たすことは，もとの F^2 がそういう性質を持つことからわかる．しかし平行線公準 E は満たされない．たとえば点 $(0, 1)$ を通る直線 $y = \dfrac{x}{t} + 1$ は直線 $y = 0$ とは G^2 において交わらない．交点 $(-t, 0)$ は G^2 の点ではないからである．また $y = 1$ も $y = 0$ とは交わらない．$y = 0$ と平行な，点 $(0, 1)$ を通る直線が少なくとも 2 本(実は無数に)存在するのだから，G^2 は平行

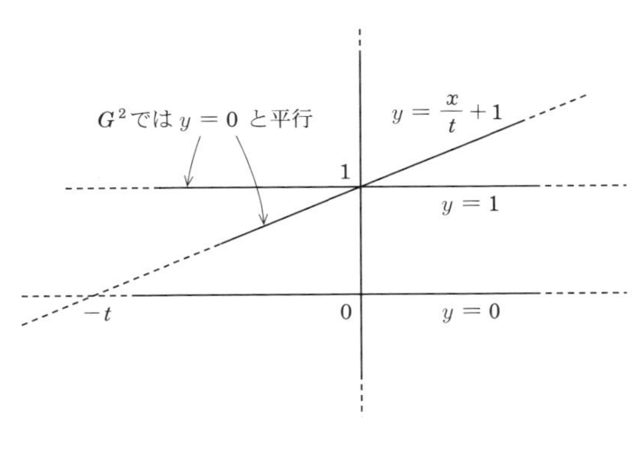

図 6.14

線公準 E が満たされないという意味では，非ユークリッド幾何のモデルではあるが，三角形の内角の和は 2 直角であるということになる(図 6.14 参照，前ページ)．また，限界平行線が存在しないことにも注意を払おう．つまり G^2 は双曲幾何のモデルでもない．

例6.2　半楕円的だが平行線が無数に存在するモデル

例 6.1 と同じ F に対してデカルト座標空間 F^3 における半径 t の球面

$$S = \{(x, y, z) \in F^3 | x^2+y^2+z^2 = t^2\}$$

上の点 A を取って固定する．A から有限の距離にある点 $(\in S)$ から成る集合を Π とする．直線とは，S の大円のこととし，間の関係 B や合同の関係 D を通常のように解釈すると，Π が絶対幾何 $\mathbb{A}_0$ のモデル(の台集合)であることが容易に確認できる．S は球面だから Π における三角形の内角の和は 2 直角より大きい．与えられた点を通り，与えられた直線に平行な直線(無限小差の大円)が無数に存在するが，限界平行線は存在しない．

以上を要約すると，次のようなモデルの存在が示された：

(1) ユークリッドの平行線公準を満たさない(つまり非ユークリッド的である)が，$\Delta = 0$ なる $\mathbb{A}_0$ のモデルが存在する．

(2) $\Delta < 0$ なる $\mathbb{A}_0$ のモデルが存在する．ここでは $\mathbb{A}_0$ のモデルなのだから，直線の長さは有限ではない．したがって楕円幾何のモデルでもない．

(3) 双曲幾何のモデルではないが，$\Delta > 0$ なる $\mathbb{A}_0$ のモデルが存在する．

(3)は次節の 3 を参照せよ．次の命題は(1)から明らかである：

命題6.3　初等絶対幾何 $\mathbb{E}_0$ において $\Delta = 0$ から平行線公準 E は証明できない．

6.5 歴史メモ

1　A. ロビンソンの超準解析の淵源となる非アルキメデス的順序体の研究は，1880 年代にシュトルツ(O. Stolz：1842-1905)によって開始された．「アルキメデスの公理」という名称はシュトルツの論文(1881)において初めて登場する．この経緯についてはEhrlich[40]を参照せよ（この論文には，G.カントルが無限小を「数学界のコレラ菌」と呼んで追放を呼び掛けたといった興味深い逸話が載っている）．

2 非アルキメデス型幾何学は1890年にヴェロネーゼ(G. Veronese：1854–1917)によって初めて研究された．ヒルベルトは[8]の第2章§12において非アルキメデス型幾何学を導入し，その重要性を指摘している．例6.1や例6.2はデーン([9])が与えた実例である．いわゆるリーマンの楕円幾何は，$\Delta < 0$ではあるが，平行線が存在しないという点で例6.2とは異なる．

3 半双曲的で，平行線は無数に存在するが，限界平行線は存在しない例はシューアによって与えられた．非アルキメデス型双曲幾何のクライン円盤モデルの中で，原点から無限小の距離にある点の全体をモデルとして考えればよいのである．

4 ヒルベルトは[8]の第1章でユークリッド幾何の公理系を与え，続いて第2章§10「平行線公理の独立性」において，本書では「サッケーリの第二定理」ならびに「サッケーリの第三定理」と呼んでいる命題を，それまでの慣例通り，「ルジャンドルの定理」という名称の下に証明している．これらの定理を初めて述べ，曲がりなりにも証明したのは，ルジャンドルではなくて，サッケーリだという事実を，シューアは1901年の段階では知らなかったようだが，総合報告[12]ではその旨が指摘されている．

5 非アルキメデス的順序体として，有理関数体以外の例を挙げることができる．Kを1階論理で書かれたユークリッド的順序体のモデルとし，その超準モデルをK^*とする．このときK^*もやはりユークリッド的順序体である．K^*にはKの元に対して無限大の役割を果たす元が存在する．したがって，上記の実例において$\mathbb{R}(t)$を含むユークリッド的順序体の代わりに，K^*を使っても良いことがわかる．

第7章

双曲幾何の基礎

7.1 ユークリッド幾何と双曲幾何の定義

初等絶対幾何 $\mathbb{A}_0$ とは，結合の公理群 A，間の公理群 B，合同の公理群 C，それに円円交叉公理 CC からなる1階の理論のことであった．$\mathbb{A}_0$ に平行線に関する異なった型の公理を追加することで，ユークリッド幾何，双曲幾何が生まれる(ただし，ユークリッド的でなければ，双曲的というわけではない)．これらの定義に先立って，まず限界平行という概念を再確認しておく．

半直線 $\overrightarrow{ac}$ と $\overrightarrow{bd}$ の双方を包含する半直線が存在する場合，これらの半直線は**共終**であると言う．

定義7.1　限界平行

半直線 $\overrightarrow{ac}$ と半直線 $\overrightarrow{bd}$ が次のいずれかの条件を満たすとき，$\overrightarrow{ac}$ は $\overrightarrow{bd}$ に**限界平行**であると言い，

$$\overrightarrow{ac} \mathbin{|||} \overrightarrow{bd}$$

と表す(図 7.1)：

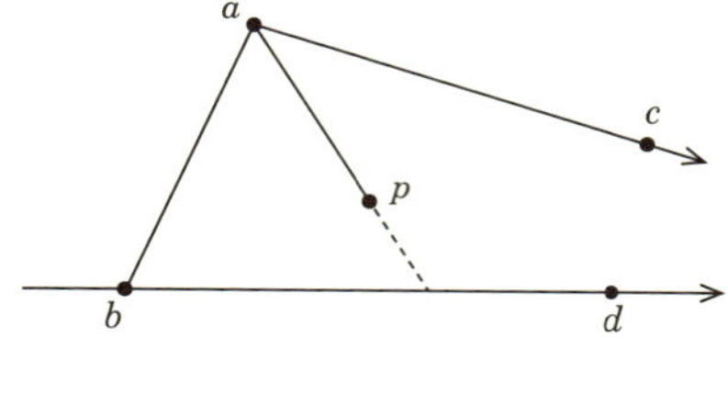

図 7.1

1. $\overrightarrow{ac}$ と $\overrightarrow{bd}$ は共終的である.
2. $\overrightarrow{ac}$ と $\overrightarrow{bd}$ は交わらないが，p を $\angle bac$ の内部の点とすると，$\overrightarrow{ap}$ は $\overrightarrow{bd}$ と交わる.

『原論』の第5公準は，限界平行という言葉を使えば，次のように書ける：

E　ユークリッド幾何の平行線公準

$\angle bac + \angle abd = 2\angle R$ ならば，$\overrightarrow{ac} \mathbin{|||} \overrightarrow{bd}$ である.

定義7.2　ユークリッド幾何

$\mathbb{A}_0$ にＥを付け加えた理論を初等ユークリッド幾何と言い，$\mathbb{E}_0$ と記す．$\mathbb{A}_2$ にＥを付け加えた理論を2階ユークリッド幾何，あるいは実ユークリッド幾何と言い，$\mathbb{E}_2$ と記す.

これに対して，双曲幾何の平行線公準は次である：

H　双曲幾何の平行線公準

任意の半直線 $\overrightarrow{bd}$ と直線 bd 上にない点 a に対して，$\angle bac + \angle abd < 2\angle R$，かつ $\overrightarrow{ac} \mathbin{|||} \overrightarrow{bd}$ を満たす $\overrightarrow{ac}$ が存在する.

定義7.3　双曲幾何

$\mathbb{A}_0$ にＨを加えた理論を初等双曲幾何と言い，$\mathbb{H}_0$ と記す．$\mathbb{A}_2$ にＨを付け加えた理論を2階双曲幾何(あるいは実双曲幾何)と言い，$\mathbb{H}_2$ と記す.

7.2 限界平行関係は同値律を満たす

『原論』では，平行線の唯一性を用いて，平行関係 $\|$ は同値律を満たすことが証明されている(《命題30》)．双曲幾何では平行線は唯一に決まらないので，$\|$ は同値律を満たさないが，$|||$ は同値律を満たすことが証明できる：

定理7.1　$\mathbb{A}_0$ において，関係 $|||$ は同値律を満たす.

補題7.1　半直線を $\vec{\alpha}, \vec{\beta}$ 等で表す．$\vec{\alpha} \mathbin{|||} \vec{\beta}$ であって，$\vec{\alpha}$ は $\vec{\alpha'}$ と，また $\vec{\beta}$ は $\vec{\beta'}$ とそれぞれ共終的ならば，$\vec{\alpha'} \mathbin{|||} \vec{\beta'}$ である.

証明　一本ずつ共終的な半直線に置き換えて行けばよいが，$\vec{\beta}$ と $\vec{\beta'}$ と入れ替える場合は容易なので(なぜか，確認せよ)，$\vec{\alpha}$ と $\vec{\alpha'}$ が共終的で，$\vec{\beta} = \vec{\beta'} = \overrightarrow{b_1b_2}$ の場合を考える．$\vec{\alpha} = \overrightarrow{a_1a_2}$, $\vec{\alpha'} = \overrightarrow{a_1'a_2'}$ とする．$\vec{\alpha'} \mathbin{|||} \vec{\beta}$ を証明するためには，c を $\angle b_1a_1'a_2$ の内部の点として，$\overrightarrow{a_1'c}$ が $\vec{\beta}$ と交わることを示せばよい．

1. $a_1' \in \vec{\alpha}$ の場合(図 7.2)．$\overrightarrow{a_1c}$ は $\angle b_1a_1a_2$ の内部にあるので，$\vec{\beta}$ と交わる．その交点を d とする．三角形 a_1b_1d と直線 $a_1'c$ にパッシュの公理(B5)を適用すると，$\triangle a_1b_1d$ において，c は $\angle b_1a_1'a_2$ の内部の点なので，直線 $a_1'c$ が線分 a_1b_1 と交わることは不可能である．ゆえに $\overrightarrow{a_1'c}$ は線分 b_1d と交わる．

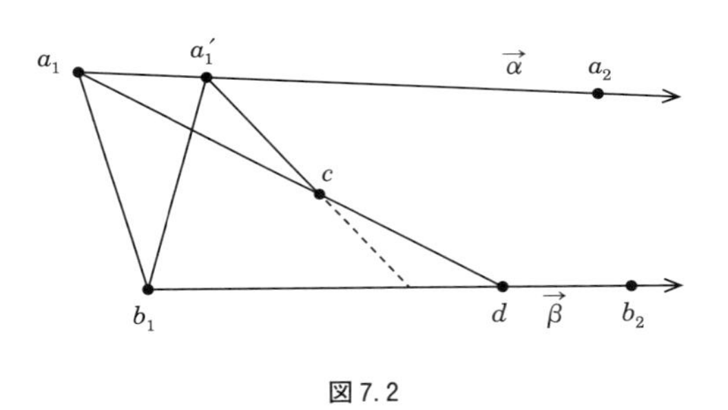

図 7.2

2. $a_1 \in \vec{\alpha'}$ の場合．$\mathrm{B}(p, a_1', c)$ なる点 p を取る．$\overrightarrow{pa_1}$ は $\angle b_1a_1a_2$ の内部を通るので，$\vec{\beta}$ と交わる．その交点を d とする．$\overrightarrow{pc}$ は横棒定理によって線分 a_1b_1 と交わるので，$\overrightarrow{a_1'c}$ はパッシュの公理によって線分 b_1d と交わる．　□

証明　**関係 ||| の対称性**

$\overrightarrow{a_1a_2} \mathbin{|||} \overrightarrow{b_1b_2}$ とする．これらが共終的でない場合を扱えばよい．また，補題 7.1 を使って適当に b_1 を取り替えて，$\angle a_1b_1b_2 = \angle R$ である場合を考えればよい(図 7.3 参照，次ページ)．

$\angle a_1b_1b_2$ 内の半直線 $\overrightarrow{b_1c}$ が $\overrightarrow{a_1a_2}$ と交わることを示したい．a_1 から $\overrightarrow{b_1c}$ に垂線を下し，足を d とする．三角形 a_1db_1 を考えると，角の大小関係から $a_1d < a_1b_1$ がわかる．a_1b_1 上に d' を $a_1d \equiv a_1d'$ となるように取る．次に d' 上で a_1b_1 の垂線 $\overrightarrow{d'e}$ を立てる．

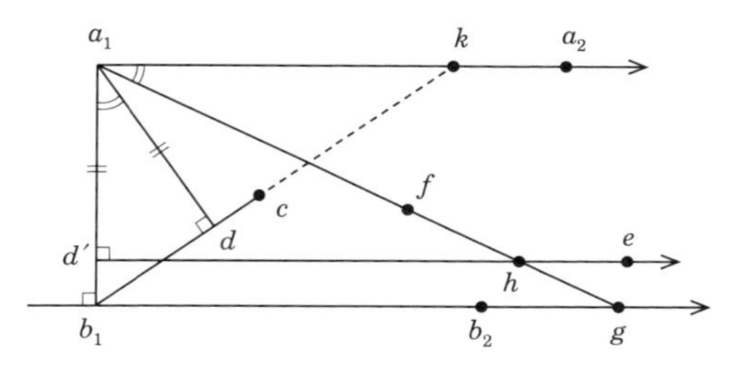

図 7.3

一方，$\angle da_1d' \equiv \angle a_2a_1f$ となるように半直線 $\overrightarrow{a_1f}$ を $\angle a_2a_1b_1$ 内に作る．限界平行の定義により $\overrightarrow{a_1f}$ は $\overrightarrow{b_1b_2}$ に交わる．交点を g とする．三角形 a_1b_1g を考えると，$\overrightarrow{d'e}$ は $\overrightarrow{b_1g}$ と平行なのでパッシュの公理によって $\overrightarrow{a_1f}$ と交わる．交点を h とする．$\angle a_2a_1d \equiv \angle ha_1b_1$ であるので，$a_1k \equiv a_1h$ なる k を $\overrightarrow{a_1a_2}$ 上に取ると三角形 a_1dk は三角形 $a_1d'h$ と合同となる(SAS の合同)．したがって $\angle a_1dk = \angle R = \angle a_1dc$ であるので，$\overrightarrow{b_1c}$ は $\overrightarrow{ck}$ と共終的である．したがって $\overrightarrow{b_1c}$ は $\overrightarrow{a_1a_2}$ と k で交わる． □

証明　**関係 ||| の推移性**

$\overrightarrow{a_1a_2} \mathrel{|||} \overrightarrow{b_1b_2}$ かつ $\overrightarrow{b_1b_2} \mathrel{|||} \overrightarrow{c_1c_2}$ と仮定する．どれか二つが共終的な場合は補題 7.1 で済んでいるので，どの二つも共終的ではないとする．ふたたび補題 7.1 によって，a_1, b_1, c_1 は共線的と仮定してよい．

1. $\mathrm{B}(a_1, b_1, c_1)$ の場合．$\angle c_1a_1a_2$ 内の $\overrightarrow{a_1d}$ を考えると，仮定より $\overrightarrow{b_1b_2}$ と交わる．その交点を b' とする．b_2 を $\mathrm{B}(b_1, b', b_2)$ となるようにしておくと，仮定と補題 7.1 により $\overrightarrow{b'b_2} \mathrel{|||} \overrightarrow{c_1c_2}$ なので，$\overrightarrow{a_1b'}$ は c_1c_2 と交わる．
2. $\mathrm{B}(a_1, c_1, b_1)$ の場合．$\angle c_1a_1a_2$ 内にある $\overrightarrow{a_1d}$ は $\overrightarrow{b_1b_2}$ と点 b' で交わる．パッシュの公理によって $\overrightarrow{c_1c_2}$ は a_1b' と交わる．
3. $\mathrm{B}(b_1, a_1, c_1)$ の場合．||| の対称性により，$\overrightarrow{c_1c_2} \mathrel{|||} \overrightarrow{b_1b_2}$ であるから，$\angle b_1c_1c_2$ 内の c_1 を始点とする半直線は $\overrightarrow{b_1b_2}$ と交わり，その交点は $\overrightarrow{a_1a_2}$ に関して反対側にあるので，$\overrightarrow{a_1a_2}$ にも交わる．

$\vec{a} \mathrel{|||} \vec{a}$ は定義だから，以上によって定理 7.1 が証明されたことになる． □

次の命題は $\vec{\alpha} \parallel\!| \vec{\beta}$ で $\vec{\alpha}, \vec{\beta}$ が共終でないならば，$\vec{\alpha}$ と $\vec{\beta}$ は漸近することを主張するものである：

命題7.1 $\overrightarrow{ac} \parallel\!| \overrightarrow{bd}$ とし，$\angle abd = \angle R$ とするとき，線分 ab 上の点 p に対して $bb'pp'$ がサッケーリ四角形を成すような $\overrightarrow{ac}$ 上の点 p' と $\overrightarrow{bd}$ 上の点 b' が存在する．

証明 $\overrightarrow{pe} \parallel\!| \overrightarrow{ac}$ なる e を取り，直線 ab に関して $\overrightarrow{pe}$ と対称な半直線 $\overrightarrow{pq}$ を作る．限界平行の定義によって直線 pq は $\overrightarrow{ac}$ と交わる．その交点を s としよう．s から $\overrightarrow{bd}$ に下した垂線の足を t とする．直線 st に関して $\overrightarrow{sp}$ と $\overrightarrow{sc}$ は対称形なので $sp \equiv sp'$ なる点 $p' \in \overrightarrow{sc}$ が存在する．p' から $\overrightarrow{bd}$ に垂線を下して足を b' とすればよい． □

ユークリッド幾何の場合，平行線はいつまでも等距離を保っているが，双曲幾何の場合は，限界平行線は命題7.1のように漸近する．これをもってサッケーリは直線の本性に反するとしたのだった．

7.3 極限三角形

双曲平面において，半直線のなす集合を $\parallel\!|$ という関係で類別し，各類を**端点**（ドイツ語で Ende）と呼ぶ．これまでと違って半直線の同値類という集合論的な考え方を利用するので，形式的な理論ではなくモデルで考えることにしよう．今後は初等双曲平面（$\mathbb{H}_0$ のモデル）$\mathcal{H}$ を一つ固定して考えることにする（モデルの存在は後に証明される）．

A を端点とする．A に属する半直線 $\vec{\alpha}$ と $\vec{\alpha}$ の上にない点 a を取る．a を通って $\vec{\alpha}$ に限界平行な半直線 $\vec{\beta}$ は A に属する．したがって，端点 A と点 a が与えられれば，a と A を結ぶ直線が存在すると言える．α に対し，a を通る限界平行線が一意的であることを考えれば，a と A を結ぶ直線も一意的に定まることもわかるだろう．これを $\overrightarrow{aA}$ と記すことにする．端点と端点を結ぶ直線も存在することを第9章で証明しよう．

$a \neq b$ のとき，線分 ab と $\overrightarrow{aA}$ と $\overrightarrow{bA}$ が作る図形を**極限三角形**と称する．三角形の合同定理に対応して次の命題が成り立つことは限界平行線の一意性から明らかである：

命題7.2 二つの極限三角形 abA と $a'b'A'$ について，$ab \equiv a'b'$ かつ $\angle baA \equiv \angle b'a'A'$ であれば，$\angle abA \equiv \angle a'b'A'$ が成り立つ(図 7.4 参照).

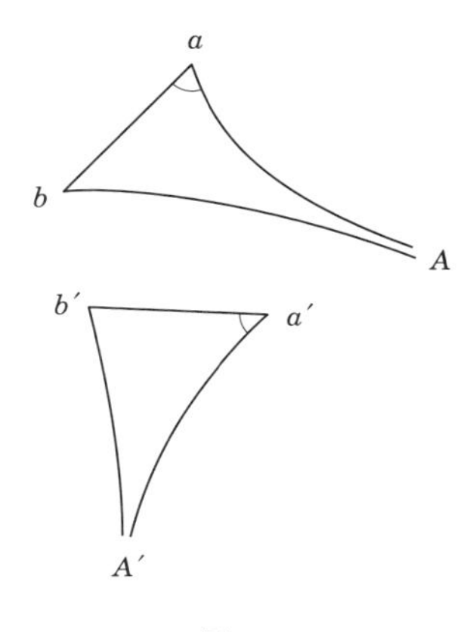

図 7.4

このようにして，端点を普通の「点」であるかのように扱えることが次第にわかってくる．たとえば次が成り立つ：

命題7.3 **パッシュの公理(極限三角形版)**

abA を極限三角形とする．直線 α が頂点 a, b を通らず，また A を端点に持たないとする．α が abA の一辺と交わるならば，残りの辺のいずれか一方と交わる．

証明 α と abA との交点を c とする．c が半直線 $\overrightarrow{aA}$ 上にあるときと，辺 ab 上にあるときに分けて考える．

1. c が半直線 $\overrightarrow{aA}$ 上にあるときは，極限三角形 bcA を考える(図 7.5 参照，次ページ)．α が $\angle bcA$ の内部を通るならば，限界平行線の定義によって α は $\overrightarrow{bA}$ と交わる．また α が $\angle acb$ の内部を通るならば，横棒定理によって α は辺 ab と交わる．
2. c が辺 ab 上にあるときは，α が $\angle acA$ の内部を通る場合と $\angle bcA$ の内部を通る場合に分けて考えれば(図 7.6 参照)，1. と同様にして直ちに結論を得る．□

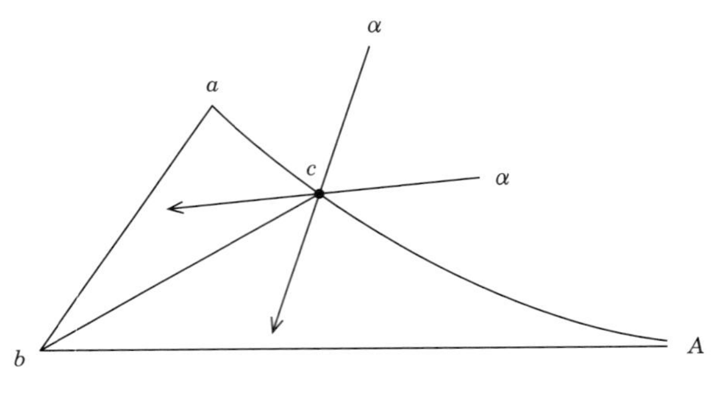

図 7.5

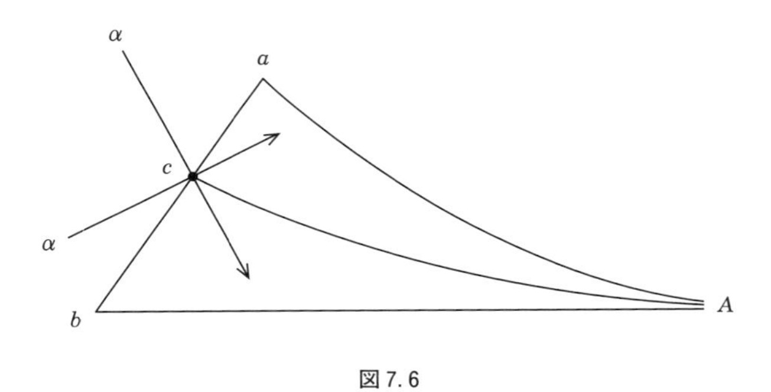

図 7.6

さらに外角定理の類似も成り立つ：

命題7.4　外角定理(極限三角形版)

極限三角形 abA を考える(図 7.7 参照)．外角 α ($= \angle abA$ の補角)は内角 $\beta = \angle baA$ より大きい．

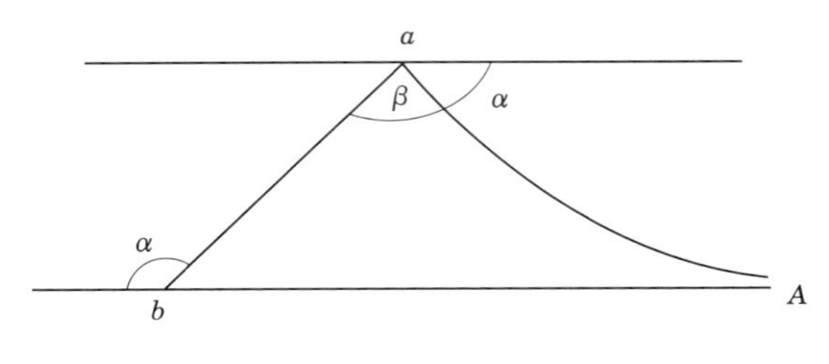

図 7.7

証明　a を通る直線で ab と角 α を成す直線は bA と平行である(『原論』《命題 27》). つまり bA とは交わらない. したがって限界平行線の定義により, $\alpha > \beta$ である. □

系7.1　初等双曲幾何 $\mathbb{H}_0$ では $\Delta > 0$ が成り立つ. すなわち, 三角形の内角の和は2直角より小さい:

$$\mathbb{H}_0 \vdash \Delta > 0$$

証明　すべての双曲平面($\mathbb{H}_0$ のモデル)で $\Delta > 0$ が成り立つことを示せば, 完全性定理によって結果が得られる.

双曲平面 $\mathscr{H}$ で考える. 補題 6.1 によって, サッケーリ四角形の頂角が鋭角であることを示せばよい.

$abcd$ をサッケーリ四角形とする(図 7.8). 直線 ab を ℓ と書く. c, d から ℓ に限界平行線を引く. 極限平行の関係は同値律を満たすので, これらは ℓ と同じ端点 A を持つ. また $ac \equiv bd$ なので $\angle acA \equiv \angle bdA$ である(命題 7.2). これを α と記す. β, γ, δ を図のように決める.

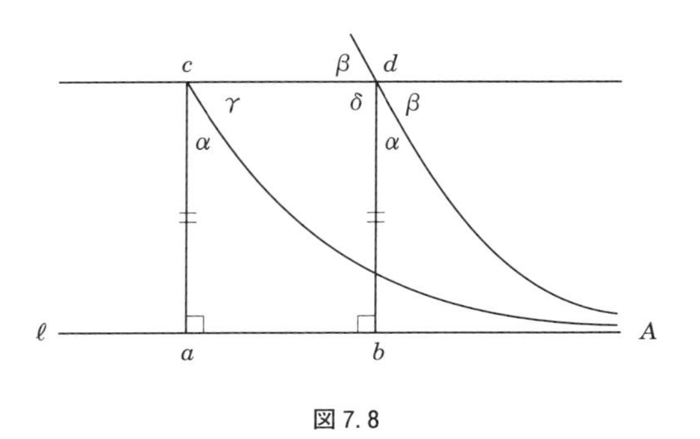

図 7.8

極限三角形 cdA を考えると外角定理(命題 7.4)によって $\beta > \gamma$ である. またサッケーリ四角形の性質によって $\delta \equiv \alpha + \gamma$ である. $\alpha + \beta > \alpha + \gamma \equiv \delta$ となり, $\delta < \angle R$ を得る. □

命題7.5　二つの極限三角形 $abA, a'b'A'$ において, $\angle a \equiv \angle a', \angle b \equiv \angle b'$ とすると, $ab \equiv a'b'$ が成り立つ.

証明　$ab > a'b'$ と仮定する. 線分 ab 上に $bc \equiv b'a'$ を満たす c を取る(図

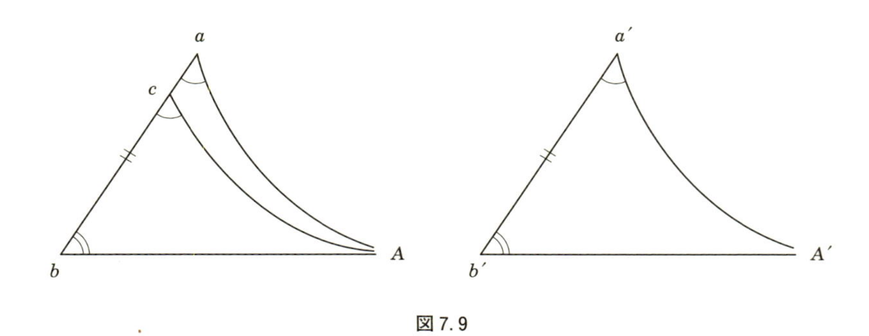

図 7.9

7.9). $bc \equiv b'a'$ なので，c を通る bA に対する限界平行線は cA であり，$\angle bcA \equiv b'a'A' \equiv \angle baA$ である．ゆえに，$\overrightarrow{aA}, \overrightarrow{cA}$ は内対角の和が $2\angle R$ であって，限界平行ではないから，矛盾を生じる． □

第8章

ユークリッド幾何の基本定理

本章では，ユークリッド幾何のモデルはすべてデカルト座標平面に同型であることを証明する．これは誰もが想像するよりは，はるかに困難な一大プロジェクトである．

8.1 デカルト『幾何学』

数という概念は多くの起源を持ち，これが数の本質だと断言できるような定義は存在しない．基数としても，序数としても捉えられるが，位置関係としても，また量としても捉えられる（拙著『数とは何か，また何であったか』（[46]参照）．そしてこれから解説するようにユークリッド幾何にも，また双曲幾何にも数体系が伏在している．

幾何に明確な意識を持って数体系を見た最初の人はデカルト（R. Descartes：1596-1650）である．彼は線分を数と捉え，線分の連結を和とし，相似三角形を使って積を定義した．現在の数学的観点から言えば，抽象的な数体系である実数体を幾何的線分の体系として表現した，あるいは幾何的なモデルを与えたと評価されるだろう．著書『幾何学』[4]には次のような図と説明が与えられている：

> ABを単位とし，BDにBCを掛けねばならないとすれば，点AとCを結び，CAに平行にDEをひけばよい．BEはこの乗法の積である．
> （『幾何学』（白水社刊）より）

線分aと合同な線分の類を$\overline{a}$と記そう．ある線分eの類$\overline{e}$を単位元として選び，$\overline{a}$と$\overline{b}$の積$\overline{a}*\overline{b}$を図8.1（次ページ）のように定義するのであるが，この

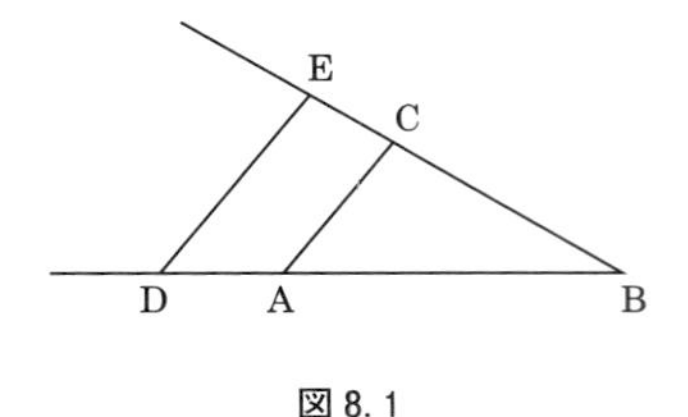

図 8.1

とき果たして，

可換法則

$\bar{a}*\bar{b}=\bar{b}*\bar{a}$

言い換えれば，図 8.2 において BC′ = BC, BD′ = BD としたときに C′E||AD′ が成り立つことは検証する必要がないのだろうか？「アッ，これはパッポスの定理の一形だ！」とわかる人はよほどの通であろう．

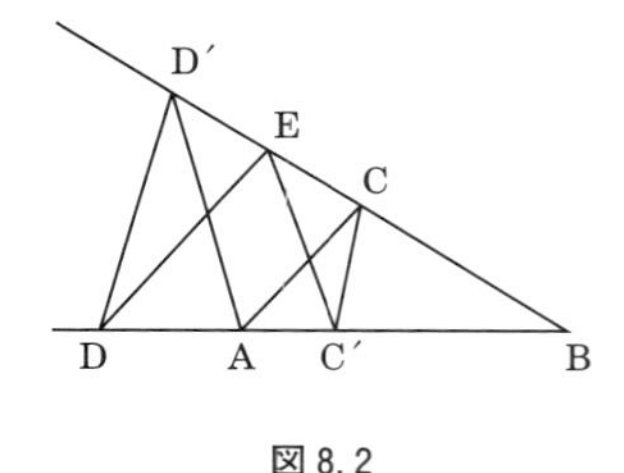

図 8.2

デカルトばかりか，その後解析幾何を発展させた人たちも，こんな疑問はまったく感じなかったようである．おそらく，数体系は可換法則を満たすのだから，線分の演算もこれを満たすと何の疑問も持たなかった，というよりは，むしろそもそもこうした基本法則はまったく考察の対象外だったというのが実相だろう．基本法則が基本法則として考察の対象とされるようになったのは 19 世紀に至ってからで，明示的に言えば，グラスマンの『算術教科書』(1861)がその嚆矢(こうし)であろう(この本の要旨は足立[46]，第 3 章参照)．「線分算」によって線分の同値類の全体が順序体を成すという事実の証明はヒルベルト[8]，第 3 章「比例論」において初めて与えられたものらしい．

基本法則ばかりではなく，デカルトの説明には次のような疑問も浮かんでくる：

(1) 単位の長さ AB を取り替えたら，別の結果になるが，これはどう説明するのだろう？

(2) そもそも ∠ABC の大きさに無関係に数体系が定まることはどうしてわかるのだろう？

この二つの疑問はヒルベルト[8]でも（簡潔を主じてだろうが）触れられていない．本章では，以上のような問題を解決する．

8.2 数直線の導入

ここから再び厳密な数学の話に戻る．

初等ユークリッド幾何 $\mathbb{E}_0$ のモデルを**初等ユークリッド平面**と呼ぶ（単に，ユークリッド平面と言うことも多い）．$\mathbb{E}_0$ のモデルの存在はとりあえず仮定しておき，第 8.3 節でデカルト座標平面が適当な条件の下にユークリッド平面を成すことを証明する．ユークリッド平面を一つ固定して $\mathscr{E}$ と記す．B, D の解釈も同じく B, D ですませ，$\equiv$ の解釈は $=$ と記すことにする．

$a, b \in \mathscr{E}$ とする．集合

$$\{x \in \mathscr{E} \mid \mathrm{B}(a, b, x) \vee \mathrm{B}(a, x, b) \vee x = a \vee x = b\}$$

を a を始点とする b の方向への半直線と言い，$\overrightarrow{ab}$ と記す．また集合

$$\{x \in \mathscr{E} \mid \mathrm{Col}(a, b, x) \vee x = a \vee x = b\}$$

を 2 点 a, b を通る直線と言う．

o, e を $\mathscr{E}$ 内の 2 点とし，o, e を通る直線を ℓ と記す．この ℓ を台集合とする順序体の構造を定義するのだが，まず加法と順序を半直線 $\overrightarrow{oe}$ に導入する．

定義8.1　半直線における加法と順序

$a, b \in \overrightarrow{oe}$ に対して

$$ac \equiv ob$$

を満たす $c \in \overrightarrow{oe}$ を取り，$a + b = c$ と定義する（図 8.3 参照）．

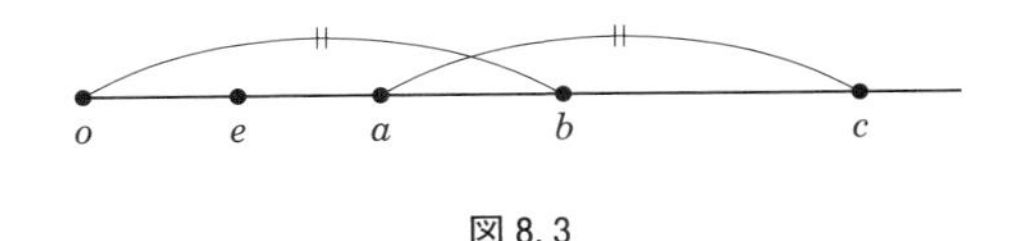

図 8.3

また，$\mathrm{B}(o, a, b)$ であるとき，$a < b$ と定義する.

注 1 $aa \equiv oo$ また $oa \equiv oa$ であるから，

$$a+o = o+a = a$$

がすべての $a \in \overrightarrow{oe}$ に対して成り立つ.

2 次は明らかである：

$$a < b \Longleftrightarrow \exists x \in \overrightarrow{oe}(a+x = b)$$

この加法の定義が可換法則，結合法則，また順序関係の持つべき基本的な性質，すなわち

$$a < b \Longrightarrow a+c < b+c$$

を満たすことは，むずかしいことではないので，読者の検討に任せる．以上において，ユークリッドの平行線公準は使われていないことにも留意しよう.

定義8.2 半直線における乗法

o, e を異なる2点として $\overrightarrow{oe}$ に乗法を定義する．o, e, e' が共線的にならない(言い換えれば，eoe' が三角形を成す)点 e' を取る(図8.4参照)．$a, b \in \overrightarrow{oe}$ とする．$\overrightarrow{oe'}$ 上に $ee' \| bb'$ なる点 b' を取り，$ae' \| cb'$ なる点 c を半直線 $\overrightarrow{oe}$ 上に取る．このとき

$$c = a*b$$

と定義する．なお，線分を表す ab と混同するので，今後とも $a*b$ の $*$ は省略しない.

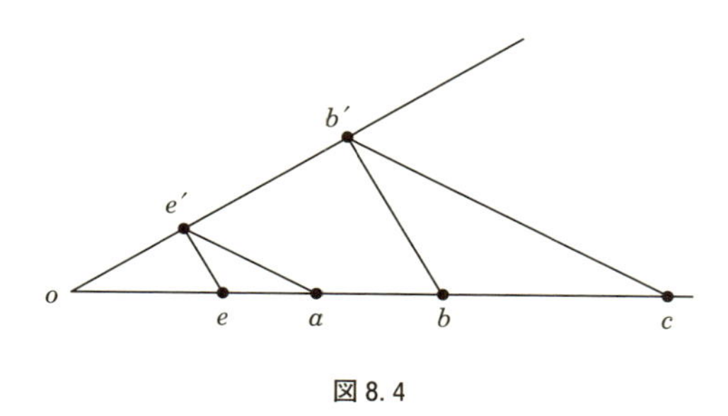

図8.4

注 1 たとえば点 b' の存在は平行線の推移律によって保証される.

2 ヒルベルト[8]では $\angle eoe'$ を直角とする．これは，交わる角度によら

ずに積が定まるかどうかを問題にしなくて済むようにする工夫である．さらにヒルベルト[8]では，$oe = oe'$ となるように e' を選ぶのだが，補遺で証明するように，こうした仮定を外しても同型な構造が得られる．ただし，1直線だけでは乗法が定義できないというのは興味深い事実である．

3 ハーツホーン[37]では，やや異なる，円の理論を用いる方法で乗法が定義されている(同書§19参照)．

この乗法の定義に対して可換法則，結合法則，そして加法と乗法をつなぐ分配法則を示さねばならないが，ここでは可換法則の証明だけを紹介する(ほかの法則の証明も類似しているので，詳細はヒルベルト[8]，§15，あるいはTarski et al [29], Teil 1，§14を参照)．これらの基本法則の証明は次の定理に基づいている：

パッポスの定理

直線 ℓ 上に点 a, b, c，また直線 m 上に点 a', b', c' が与えられ，$ac' \| a'c$ かつ $bc' \| b'c$ ならば，$ab' \| a'b$ である(図8.5参照)．

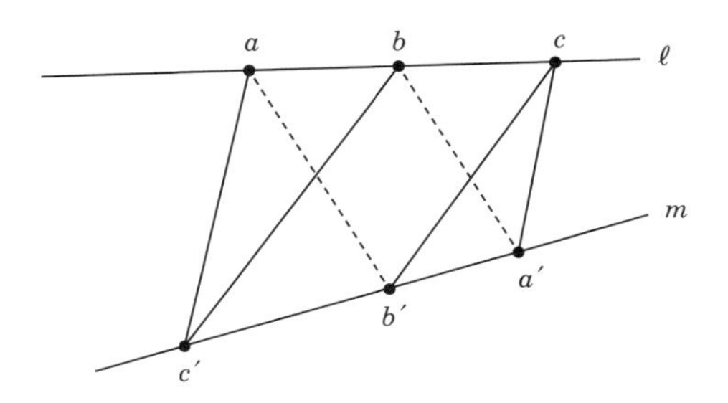

図8.5

注1 この定理を解析幾何的に証明することは容易である．しかしユークリッド幾何のモデルはすべてデカルト座標平面と同型であることをまだ証明していないので，ここでこれを採用することはできない．

2 アフィン平面にどういう条件を付け加えれば，加法・乗法が定義できて，結合法則，分配法則が成り立つか，さらに乗法の可換法則が成り立つかという研究はヒルベルト[8]に始まる．たとえば，デザルグの定理が成り立つことと，斜体の構造が入ることは同値であり，パッポスの定理は乗法の可換性と同値である．パッポスの定理からデザルグの定理が証明できることはヘッセンベルクの定理として知られる．Bachmann et al.[28]，Chapter 3 にこうした命題間の詳細な関連図が示されている．

3 パッポスの定理の証明はヒルベルト[8], § 14 を参照していただきたい．

証明　乗法の可換性の証明を与えよう．図 8.4 に加えて，$\overrightarrow{oe'}$ 上に $ee' \| aa'$ となるように a' を取る(図 8.6 参照)．すると $aa' \| bb', ae' \| cb'$ である．そこで a, b, c, b', a', e' にパッポスの定理を適用すると，$be' \| ca'$ が得られる．すなわち，$c = b * a$ である．□

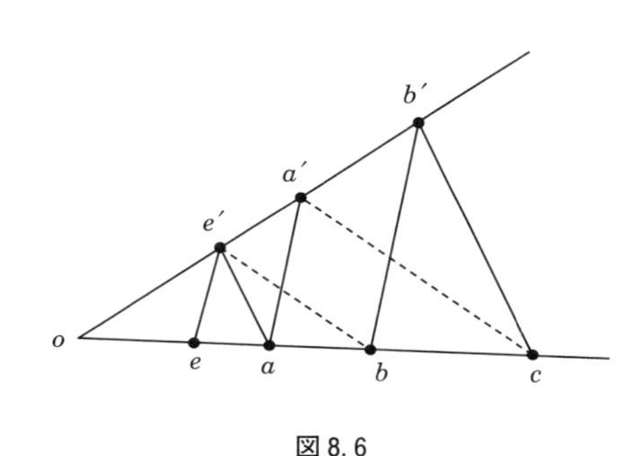

図 8.6

次に，直線 oe を ℓ と記し，これに体の構造を持たせる作業をする．直観的には自明なことだから，細部は省略することにしよう．直積 $\overrightarrow{oe} \times \overrightarrow{oe}$ を $\mathfrak{R}$ と書き，$\mathfrak{R}$ に

$$(a, b) \sim (a', b') \Longleftrightarrow a + b' = a' + b$$

によって同値関係を定義し，同値類の間の加法と乗法を次で定義する：

$$(a, b) + (c, d) = (a+c, b+d), \qquad (a, b) \cdot (c, d) = (ac+bd, ad+bc)$$

その結果，$\mathfrak{R}$ の同値類の集合 F は可換体となる．さらに

$$(a, b) < (c, d) \Longleftrightarrow a + d < b + c$$

によって順序を入れれば，F は順序体となる．そこで ℓ に体 F の構造を持ち込めば，ℓ 自身が順序体の構造を有することになる．とくに，$\mathrm{B}(a', o, a)$ かつ $oa' \equiv oa$ なる a' は $a' = -a$ という性質を持つ点である．以上を総合すると，次の定理のうち同型性を除いて，すべて示されたことになる：

定理8.1 構造 $(\ell, o, e, +, -, \cdot, <)$ は順序体の公理をすべて満たす．また，この構造は，$\mathscr{E}$ 内のどの直線に対しても，また o, e, e' をどのように選んでも，順序環として同型である．この順序体のことをユークリッド平面 $\mathscr{E}$ に**付随する順序体**と言って $F_{\mathscr{E}}$ と書く．単に，$\mathscr{E}$ の**座標体**と呼ぶことも多い．

同型性の証明は少し手間取るが，省略するには惜しい面白さがあるので，本章の補遺で述べることにする．

8.3 デカルト座標平面

この節では，デカルト座標平面がユークリッド平面となる(すなわちユークリッド幾何の公理系を満たす)条件を与える．

順序体 F が与えられたとし，F の元の対 (x, y) の全体のなす集合を F^2 と記す．次に F^2 の元 $\boldsymbol{a}, \boldsymbol{b}, \boldsymbol{c}, \boldsymbol{d}$ に対して $\mathrm{B}_F(\boldsymbol{a}, \boldsymbol{b}, \boldsymbol{c})$ と $\mathrm{D}_F(\boldsymbol{a}, \boldsymbol{b}, \boldsymbol{c}, \boldsymbol{d})$ を次のように定義する：

- $\mathrm{B}_F(\boldsymbol{a}, \boldsymbol{b}, \boldsymbol{c}) \Longleftrightarrow \boldsymbol{b}-\boldsymbol{a} = \lambda(\boldsymbol{c}-\boldsymbol{a})$ なる $\lambda \in F (0 < \lambda < 1)$ が存在する．
- $\mathrm{D}_F(\boldsymbol{a}, \boldsymbol{b}, \boldsymbol{c}, \boldsymbol{d}) \Longleftrightarrow |\boldsymbol{b}-\boldsymbol{a}|^2 = |\boldsymbol{d}-\boldsymbol{c}|^2$．ただし，$\boldsymbol{a} = (a_1, a_2)$，$\boldsymbol{b} = (b_1, b_2)$ に対して，

  $\boldsymbol{a} \pm \boldsymbol{b} = (a_1, a_2) \pm (b_1, b_2) = (a_1 \pm b_1, a_2 \pm b_2)$,

  $\lambda \boldsymbol{a} = \lambda(a_1, a_2) = (\lambda a_1, \lambda a_2)$,

  $|\boldsymbol{a}|^2 = |(a_1, a_2)|^2 = a_1^2 + a_2^2$

  とする．

$|\boldsymbol{a}|$ 自身は，F の元かどうかはわからないことに注意せよ．

構造 $\mathscr{C}_2(F) = (F^2, B_F, D_F)$ を順序体 F 上の**デカルト座標平面**と呼ぶ．以下では，$\mathscr{C}_2(F)$ を台集合 F^2 で代用することもある．

間の関係 B_F を使って，$\mathscr{C}_2(F)$ に**直線**という概念を導入する：

$$\{\boldsymbol{x} \mid \exists \lambda \in F[\boldsymbol{x} = \boldsymbol{a} + \lambda(\boldsymbol{b}-\boldsymbol{a})]\}$$

をもって2点 $\boldsymbol{a}, \boldsymbol{b} \in \mathscr{C}_2(F)$ を通る直線と呼ぶ．

解析幾何でよく知られた事実なので細部は省略するが，直線は，一般に a, b, c を F の元として，1次方程式

$$ax + by + c = 0$$

を満たす $(x,y)\in F^2$ の集合として表せる．特に $\boldsymbol{a}=(a_1,a_2)$，$\boldsymbol{b}=(b_1,b_2)$（ただし $b_1\neq a_1$）を通る，傾き $m=\dfrac{b_2-b_1}{a_2-a_1}$ の直線の方程式は

$$y=m(x-a_1)+a_2$$

と表せる．

デカルト座標平面 $\mathscr{C}_2(F)$ ではプレイフェアの平行線公準が成り立つことは明らかである[1)]．さらに次が成り立つ：

定理8.2 F 上のデカルト座標平面 $\mathscr{C}_2(F)$ が $\mathbb{E}_0^-$（初等ユークリッド幾何 $\mathbb{E}_0$ から円円交叉公理 CC を除いた公理系）のモデルとなるための必要十分条件は順序体 F が**ピュタゴラス的順序体**であることである．すなわち次が成り立つことである：

$$\forall x\in F\ \ \exists y\in F\,(y^2=1+x^2)$$

証明 $\mathscr{C}_2(F)$ が A, B, C の各公理群を満たすことは，C4, C6 を除けば自明である．

C4（線分の複写）を調べる．

$$\boldsymbol{x}'=\boldsymbol{x}+\boldsymbol{a}$$

という形の $\mathscr{C}_2(F)$ の変換 $\boldsymbol{x}\mapsto\boldsymbol{x}'$ を**平行移動**と呼ぶ．平行移動は $\mathscr{C}_2(F)$ の線分を合同な線分に移すので，与えられた線分を平行移動して，$\boldsymbol{oa}$ という形にできることは明らかである．ここに $\boldsymbol{o}=(0,0)$，$\boldsymbol{a}=(a_1,a_2)$ とする．

与えられた半直線 $\overrightarrow{\boldsymbol{bp}}$ の上に点 $\boldsymbol{c}$ を取って，$\boldsymbol{bc}\equiv\boldsymbol{oa}$ が成り立つようにしたい（図 8.7 参照）．

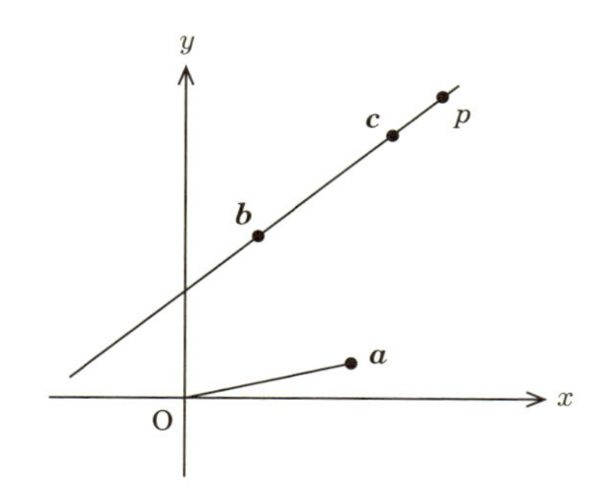

図 8.7

半直線 $\overrightarrow{\boldsymbol{bp}}$ の傾きを m とし，$\boldsymbol{b}=(b_1,b_2)$ とすると，$\boldsymbol{c}=(c_1,c_2)=(b_1+h, b_2+hm)$ と表せるので，$\boldsymbol{bc}\equiv\boldsymbol{oa}$ が成り立つための条件は

$$h^2(1+m^2)=|\boldsymbol{a}|^2$$

が成り立つように $h\in F$ が定まることである．実際，F がピュタゴラス的であるとすると $|\boldsymbol{a}|^2$ と $1+m^2$ を平方数として表すことができるので，$h\in F$ となる．逆に，$m=0$ の場合を考えてみれば，$|\boldsymbol{a}|^2$ が平方数とならねばならないので，F はピュタゴラス的である．したがって，C4 が満たされるための条件は，F がピュタゴラス的順序体であることである．

C6（5 辺公理）を調べよう．これはちょっと準備を要する．F はピュタゴラス的順序体であると仮定する．今後，(a_1,a_2) は行列演算をするときは $\begin{pmatrix}a_1\\a_2\end{pmatrix}$ を表すものとする．

$$\boldsymbol{x}'=A\boldsymbol{x},\qquad A=\begin{pmatrix}1&0\\0&-1\end{pmatrix}$$

という変換を直線 $y=0$ に関する**鏡映**と呼ぶ．

さらに

$$\boldsymbol{x}'=\frac{1}{|\boldsymbol{a}|}\begin{pmatrix}a_1&-a_2\\a_2&a_1\end{pmatrix}\boldsymbol{x}$$

という変換を，$\boldsymbol{o}$ を中心とする，$\angle\boldsymbol{eoa}$ の**回転**と呼ぶ．ここに

$$\boldsymbol{a}=(a_1,a_2)\neq\boldsymbol{o},\qquad \boldsymbol{e}=(1,0)$$

である．平行移動と組み合わせることによって，与えられた点 $\boldsymbol{c}$ を中心とする回転を考えることもできる．また回転と平行移動を利用して，任意に与えられた直線に関する鏡映を定義することも容易にできる．鏡映変換も回転変換も合同な線分を合同な線分に写すことを注意しておく．

さて $\boldsymbol{a}_i,\boldsymbol{b}_i,\boldsymbol{c}_i,\boldsymbol{d}_i$ を F^2 の 4 点とし，$\boldsymbol{a}_i\boldsymbol{b}_i\boldsymbol{c}_i$ は三角形を成し，$\mathrm{B}(\boldsymbol{a}_i,\boldsymbol{b}_i,\boldsymbol{d}_i)$ であるとする $(i=1,2)$．$\boldsymbol{a}_1\boldsymbol{b}_1\boldsymbol{c}_1\equiv\boldsymbol{a}_2\boldsymbol{b}_2\boldsymbol{c}_2$，かつ $\boldsymbol{b}_1\boldsymbol{d}_1\equiv\boldsymbol{b}_2\boldsymbol{d}_2$ を仮定する（図 8.8 参照，次ページ）．

まず平行移動 S_1 を使って $\boldsymbol{a}_1$ を $\boldsymbol{a}_2$ に重ねる．すなわち $S_1(\boldsymbol{a}_1)=\boldsymbol{a}_2$．次に $\boldsymbol{a}_2$ を中心とする回転 S_2 を使って $S_1(\boldsymbol{d}_1)$ を $\boldsymbol{d}_2$ に重ねる．これは $\boldsymbol{a}_1\boldsymbol{d}_1\equiv\boldsymbol{a}_2\boldsymbol{d}_2$ によって可能である．このとき $S_2\circ S_1(\boldsymbol{b}_1)=\boldsymbol{b}_2$ である．

次に必要であれば，直線 $\boldsymbol{a}_2\boldsymbol{d}_2$ に関する鏡映 S_3 を使って，直線 $\boldsymbol{a}_2\boldsymbol{d}_2$ に関して $T(\boldsymbol{c}_1)$ が $\boldsymbol{c}_2$ と同じ側にあるようにする．ここに $T=S_3\circ S_2\circ S_1$ である．『原論』第 I 巻《命題 7》は C6（5 辺公理）を使わずに証明されているの

1）プレイフェアの公理は角を使わずに定義されているので，こういうときには便利に使える．

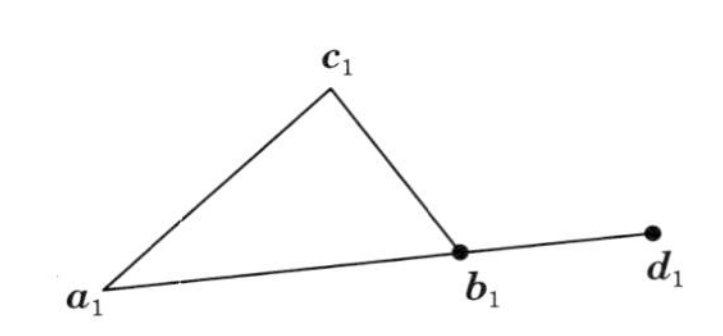

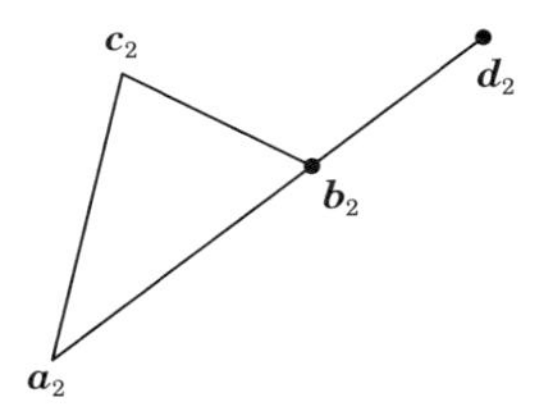

図 8. 8

で，これをここで適用すれば，必然的に

$$T(\boldsymbol{a}_1) = \boldsymbol{a}_2, \quad T(\boldsymbol{b}_1) = \boldsymbol{b}_2, \quad T(\boldsymbol{c}_1) = \boldsymbol{c}_2, \quad T(\boldsymbol{d}_1) = \boldsymbol{d}_2$$

が成り立つ．変換 T は線分の長さを変えないので，これは $\boldsymbol{c}_1\boldsymbol{d}_1 \equiv \boldsymbol{c}_2\boldsymbol{d}_2$ を意味する． □

系8.1 ピュタゴラス的順序体 F 上のデカルト座標平面 $\mathscr{C}_2(F)$ における合同変換，すなわち間の関係を保ち，$T(\boldsymbol{a})T(\boldsymbol{b}) \equiv \boldsymbol{ab}$ を満たす変換 T は次のように表せる：

$$T\boldsymbol{x} = A\boldsymbol{x} + \boldsymbol{a}$$

ここに A は F の元を成分とする直交行列，$\boldsymbol{x}, \boldsymbol{a}$ は F^2 の元(を縦ベクトルで表示したもの)である．

系 8.1 は定理の証明から明らかである．$\mathscr{C}_2(F)$ がユークリッド平面(すなわちユークリッド幾何のモデル)となるために F が満たすべき条件を与えるのが，次である：

命題8.1 $\mathscr{C}_2(F)$ をピュタゴラス的順序体 F 上のデカルト座標平面とする．このとき次の 3 条件は同値である：

(1) $\mathscr{C}_2(F)$ は円円交叉公理 CC を満たす．

(2) $\mathscr{C}_2(F)$ は円直線交叉公理 CL を満たす．

(3) 順序体 F は**ユークリッド的**である．すなわち，

$$\forall x (> 0) \in F \, \exists y \in F \, (x = y^2)$$

証明 (1) ⇒ (2)：$f = 0$ を円 C の方程式とし，$g = 0$ を直線 ℓ の方程式とする．f は $x^2 + y^2 +$ (1 次式)の形をしており，g は x, y の 1 次式である．

したがって $f+g=0$ がある円 C' の方程式であることは明らかである．しかも C と C' の交点は C と ℓ の交点と同じである．したがって円 C と円 C' が交わることが保証されれば，C と ℓ の交わることも保証される．

(2) ⇒ (1)：これも，二つの円の方程式の差は直線を表すから，(1)から(2)を導くのとまったく同じ考え方で証明できる．

(2) ⇒ (3)：CL を仮定して，F が任意の正元の平方根を持つことを証明する．$a>0$ を与えられた F の元とする．C を中心 $\left(\dfrac{a+1}{2},0\right)$，半径 $\dfrac{a+1}{2}$ の円とする(図 8.9 参照)．$(a,0)$ を通る x 軸の垂線を ℓ とする．CL によって ℓ は円 C と F^2 において交わる．その交点は $(a,\sqrt{a})$ であるから，$\sqrt{a}\in F$ を得る．

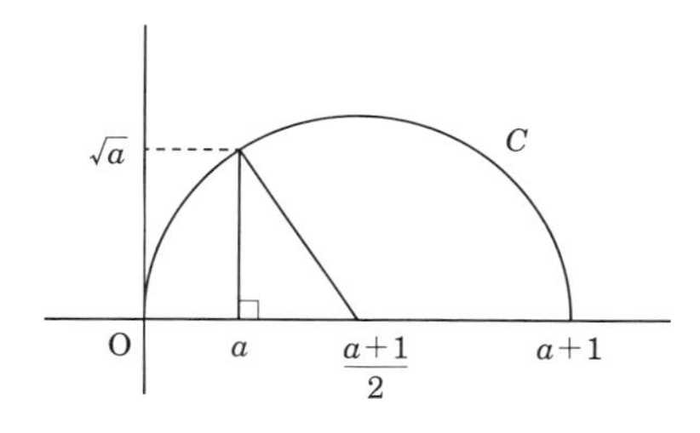

図 8.9

(3) ⇒ (2)：$\mathscr{C}_2(F)$ における円の方程式を

$$C: x^2+y^2=1$$

としても一般性を失わない．(x_0,y_0) を円 C の内部の点とすると

$$x_0^2+y_0^2<1 \tag{8.1}$$

が満たされる．(x_0,y_0) を通る直線は一般に

$$L: y=m(x-x_0)+y_0$$

と表される(y 軸に平行な直線の場合は，結果は自明である)．したがって，交点を表すはずの点の x 座標は次の 2 次方程式を満たす：

$$(1+m^2)x^2+2m(y_0-mx_0)x+(y_0-mx_0)^2-1=0$$

この方程式の判別式を D とすると，

$$\begin{aligned}\frac{D}{4}&=m^2(y_0-mx_0)^2-(1+m^2)\{(y_0-mx_0)^2-1\}\\&=1+m^2-(y_0-mx_0)^2\end{aligned}$$

である．

$$(y_0-mx_0)^2+(x_0+my_0)^2=(1+m^2)(x_0^2+y_0^2)$$

は展開すれば容易にわかるから,

$$\frac{D}{4}=(1+m^2)(1-x_0^2-y_0^2)+(x_0+my_0)^2$$

(8.1)によって $\frac{D}{4}>0$ が成り立つので,(8.2)は $\alpha=a\pm b\sqrt{\frac{D}{4}}\,(a,b\in F)$ という形の実数解を有する. F はユークリッド的なので, $\alpha\in F$ である. ゆえに $\mathscr{C}_2(F)$ はCLを満たす. □

注 1 (2) ⇒ (3)の証明はデカルトが著書『幾何学』[4]で与えたものである. 自分でこの証明を考えてみたら,デカルトの数学的能力の高さを知ることができよう[2)].

2 (3) ⇒ (2)の証明は伊吹山知義さん(大阪大学名誉教授)からご教示を頂いた.

定理8.3 デカルト座標平面 $\mathscr{C}_2(F)$ が初等ユークリッド幾何 $\mathbb{A}_0$ のモデルであるためには順序体 F がユークリッド的であることが必要十分である. さらにこのとき, $\mathscr{C}_2(F)$ に付随する順序体は F に同型である.

最後の部分以外は証明済みである. $\mathscr{C}_2(F)$ の数直線は互いに同型であるから, x 軸と y 軸で考えればよい. x 軸と y 軸を使って x 軸に線分算を定義すると,和と積の定義がちょうど F の和と積の定義に一致していることがわかる. 証明には傾き m で y 切片が k の直線は $y=mx+k$ と書けることが使われるが,細部は読者にお任せする.

8.4 ユークリッド幾何の基本定理

$\mathscr{E}$ をユークリッド平面とし, $F=F_{\mathscr{E}}$ を $\mathscr{E}$ に付随する順序体とする. $\mathscr{E}$ 内の(直交する必要はないが簡便のため)直交する2直線を取り,交点を o, 直線の一方を x 軸,もう一方を y 軸と名付ける. これらの直線は, x 軸上の点 e_x, y 軸上の点 e_y を定めれば, o を加法単位元0, e_x を x 軸の, e_y を y 軸の乗法単位元とする順序体 F の構造を持つ.

さて, $p\in\mathscr{E}$ とする. p から x 軸に下した垂線の足を p_x, また y 軸に下した垂線の足を p_y として,これらを F の元とみなす. かくして, $\mathscr{E}$ から F^2 への写像 $\Phi: p\mapsto(x_p,y_p)$ が生じる(図8.10,次ページ). この写像 Φ は $\mathscr{E}$ から F^2 への全

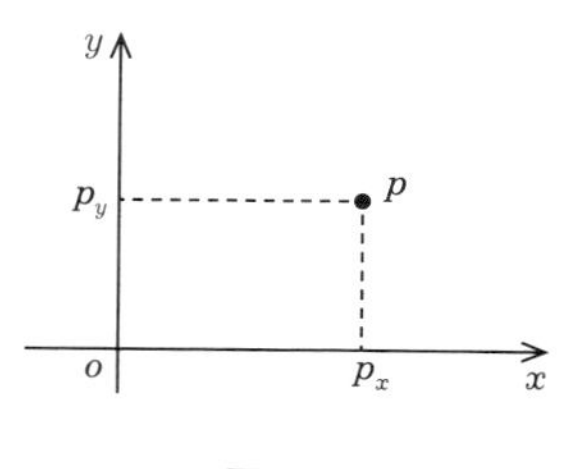

図 8.10

単射である．これはFの作り方と平行線公準Eとから容易にわかる．

次に，全単射Φによって結合関係，間の関係，線分の合同関係が保たれること，すなわちΦが同型写像であることを証明する．

考察を第1象限に限定するが，それ以外の場合も同様である．今a, b, cを$\mathscr{E}$の3点とし，B(a, b, c)の関係にあるとする(面倒なので，間の関係Bや合同関係Dに付けるべきサフィックスは省略する)．$\Phi(a) = (a_x, a_y)$等とする．aを通り，x軸，およびy軸と平行な直線へbから下した垂線の足をそれぞれd, eとし，また同じようにcから下した垂線の足をf, gとすれば，三角形の比例関係(補遺2参照)を使うことによって(図8.11参照)，

$$\overline{af} = \lambda * \overline{ad}, \quad \overline{ag} = \lambda * \overline{ae}$$

が得られる．ここに，B(a, b, c)によって$\lambda > 1$(乗法単位元)である．また，線分abの長さ(定まった数直線の正部分に，aが加法単位元oに来るように合同変換して測った座標)を$\overline{ab}$と記す．一方，

$$\overline{ad} = b_x - a_x, \quad \overline{af} = c_x - a_x,$$
$$\overline{ae} = b_y - a_y, \quad \overline{ag} = c_y - a_y$$

が成り立つ．ゆえに

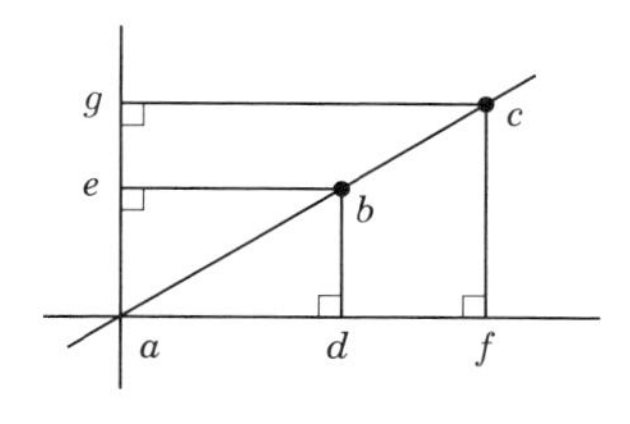

図 8.11

2) 三浦伸夫さん(神戸大学名誉教授)によると，この証明はデカルトのオリジナルではなく，当時既に知られていたそうである．

$$\Phi(c) = \Phi(a) + \lambda * (\Phi(b) - \Phi(a)), \qquad \lambda > 1$$

である．これは $\mathscr{E}$ において構成されたデカルト座標系の意味において $\mathrm{B}(\Phi(a), \Phi(b), \Phi(c))$ が成り立つことを示している．ゆえに，Φ は結合の関係，さらには間の関係を保つ．

最後に，線分の合同関係が保たれることを示そう．$ab \equiv cd$ と仮定する．先ほどと同様に a を通り x 軸に平行な直線，y 軸に平行な直線を取り，b からそれぞれに射影して得られる点を d, e とすれば，ピュタゴラスの定理の線分版(補遺2参照)から，

$$\overline{ab}^2 = \overline{ad}^2 + \overline{bd}^2$$

が成り立つ．同じことを線分 cd にも施せば，上述と同じ理由で，$ab \equiv cd$ から

$$(b_x - a_x)^2 + (b_y - a_y)^2 = (d_x - c_x)^2 + (d_y - c_y)^2$$

が得られる．これは $\Phi(a)\Phi(b) \equiv \Phi(c)\Phi(d)$ の関係にあることを示している．

以上によって，次の定理が証明されたことになる：

定理8.4　ユークリッド幾何の基本定理

構造 $\mathscr{E} = (|\mathscr{E}|, \mathrm{B}_{\mathscr{E}}, \mathrm{D}_{\mathscr{E}})$ (ここに $|\mathscr{E}|$ は $\mathscr{E}$ の台集合)が初等ユークリッド幾何 $\mathbb{E}_0$ のモデルであるためには $\mathscr{E}$ がユークリッド的順序体 F 上のデカルト座標平面 $\mathscr{C}_2(F) = (F^2, \mathrm{B}_F, \mathrm{D}_F)$ と同型であることが必要十分である．ここに同型とは結合の関係，間の関係，合同の関係を保持する全単射が存在することである．

この定理はハーツホーン[37]では名前が付いておらず，Tarski[29]や Greenberg[42]では「表現定理」と名付けられている．またヒルベルト[8]では，時代の違いもあってか，こうした定理の重要性には気が付かれていないらしく，直線が1次式で表せるといった記述以上には言及がない．しかし，意味から考えても，結論に至る道のりから考えても，これは基本定理と称するべきものだと思う．

$\mathbb{E}_0$ が1階の理論であることを考えれば，完全性定理によって次が得られる：

系8.2　言語 $\{\mathrm{B}, \mathrm{D}\}$ の文 Γ が $\mathbb{E}_0$ の定理であるためには，Γ がすべてのユークリッド的順序体 F に対して $\mathscr{C}_2(F)$ で成り立つことが必要十分である．

注　「すべての順序体 F 上の」と言っても座標体が「代数的に閉じている」とか「解析的連続性が成り立つ」とかいった特別な性質に訴えること

なく，F がユークリッド的順序体であることを使うだけで成り立つことが示されれば，すべてのモデルで成り立つことになる．

8.5 初等ユークリッド幾何は完全ではない

定理8.5 $\mathbb{E}_0$ は完全ではない．すなわち，$\mathbb{E}_0$ から肯定もその否定も証明できない文が存在する[3)]．

証明 φ を「60 度(正三角形の頂角)の 3 等分線が存在する」という命題とすると，角の内部や角の和といった言葉を使って φ を言語 $\{\mathrm{B}, \mathrm{D}\}$ の 1 階論理で書かれた文として表現することができる．$\mathbb{E}_0$ において φ が否定も肯定も証明できない文であることを示そう．

実数体 $\mathbb{R}$ は明らかにユークリッド的順序体である．$\mathbb{R}$ の部分体で一番小さいユークリッド的順序体，すなわちすべてのユークリッド的な順序部分体の共通部分集合を $\mathbf{A}$ と表すことにしよう．$\mathscr{C}_2(\mathbf{A})$ では φ が成り立たないことが知られている[4)]．ゆえに，$\mathbb{E}_0 \vdash \varphi$ ではありえない．$\mathbb{E}_0 \vdash \varphi$ ならば，当然 $\mathbb{E}_0 \models \varphi$ だからである．一方，脚注 4)の 3 次方程式は実数解を持つから，$\mathscr{C}_2(\mathbb{R})$ では φ が成り立つ．したがって同様の理由によって $\mathbb{E}_0 \vdash \neg\varphi$ ではありえない． □

8.6 『幾何学の基礎』に関するコメント

『幾何学の基礎』はユークリッド幾何の厳密な基礎付けを与えただけではなく，さらに次のような話題を論じている．本書では割愛せざるを得ないが，内容だけでも紹介しておきたい．20 世紀数学の幕を開けたと称えられる偉大な著作であることはすでに十分理解していただけたのではなかろうか？

1. 第 5 章「デザルグの定理」では，「初等ユークリッド幾何 $\mathbb{E}_0$ から合同の公理群 C を除いた理論 $\mathbb{E}^-$ を考えると，デザルグの定理が成り立つことは，この理論が 3 次元ユークリッド幾何学に埋蔵できるための必要十分条件である」ことが証明されている．$\mathbb{E}_0$ ではもちろんデザルグの定理が成り立つから，そのモデルであるユークリッド平面はユー

3) M. Ziegler (1982)によって $\mathbb{E}_0$ はさらに決定可能でもないことが証明されている．
4) $x = 2\cos 20^\circ$ と置けば，$x^3 - 3x - 1 = 0$ で，この方程式の根は $\mathbf{A}$ の元ではないからである．

クリッド空間の部分空間となるのである．

2. F として非可換順序体を認めれば，$\mathscr{C}_2(F)$ において線分算が可換法則を満たす条件はパッポスの定理が成り立つことである．このことやパッポスの定理とデザルグの定理との関係，またこれらとアルキメデスの公理との関係が第6章「パスカルの定理」で論じられている．例えば，理論 $\mathbb{E}^-$ において，デザルグの定理はパッポスの定理から証明できること(ヘッセンベルクの定理)が§35で紹介されている．

また「$\mathbb{E}^-$ において，アルキメデスの公理 Am を仮定すれば，パッポスの定理が証明できる．また Am を仮定しないなら，証明可能ではない」ことが§31で示されている．

8.7 補遺1　同型性の証明

以下では，ユークリッド平面の座標体が基準となる o, e, e' の選び方に依らず，同型に定まることを証明する．同型性の証明は次の2点にかかっている：

(1) o, e が定まっているとき，補助の点 e' の選び方に依らず，積が定まる．

(2) 単位の長さ oe を取り替えたとき，ℓ に導入される二つの順序体は同型である．

これらの証明のためには，パッポスの定理とともに，次のデザルグの定理が重要な役割を果たす：

デザルグの定理

o を始点とする3本の半直線 $\vec{\alpha}, \vec{\beta}, \vec{\gamma}$ を考える．a, a' は $\vec{\alpha}$ 上の点，b, b' は $\vec{\beta}$ の上の点 c, c' は $\vec{\gamma}$ の上の点とする．$ab \| a'b'$ かつ $ac \| a'c'$ であれば，$bc \| b'c'$ も成り立つ(図8.12参照，次ページ)．

パッポスの定理からデザルグの定理が証明できることはヘッセンベルク(1905)によって示され，ヘッセンベルクの定理と呼ばれている．その証明の本質的なアイデアはヒルベルト[8]，定理61で紹介されている．省略のない証明の全体は鏡映理論の本ならどれにでも出ている(たとえば Ewald[31]，Theorem 3.13.2，あるいは Bachmann et al.[28]，Chapter 3, §1)．タルスキ流の証

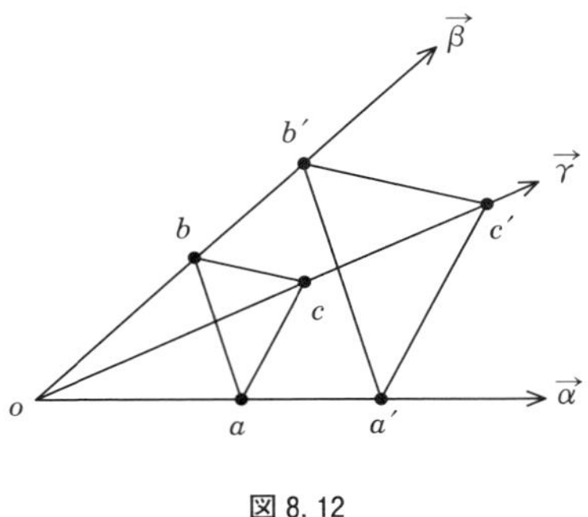

図 8.12

明は技巧的でわかりにくいが，Tarski et al.[29]，13.15 Satz にある．

命題8.2 積の定義における，補助の点 e' を別の(同じ半直線上になくても良い)点 e'' で置き換えても積の値は変わらない．すなわち e' を使った積を $a*b$ と書き，e'' を使った積を $a\circ b$ と書くと，

$$a*b = a\circ b$$

がすべての $a, b\ (\in \overrightarrow{oe})$ に対して成り立つ．

証明 $\mathrm{Col}\,(o, e', e'')$ の場合，半直線 $\overrightarrow{oe}$ に関して半直線 $\overrightarrow{oe'}$ を折り返し，すなわち，$\angle eoe''$ と合同な複写を作れば，$\mathrm{Col}\,(o, e', e'')$ ではない場合に還元できるので，そのように仮定する．

$c = a*b$ とする，図 8.13 において二つの三角形 $ae'e''$ と $cb'b''$ を検討す

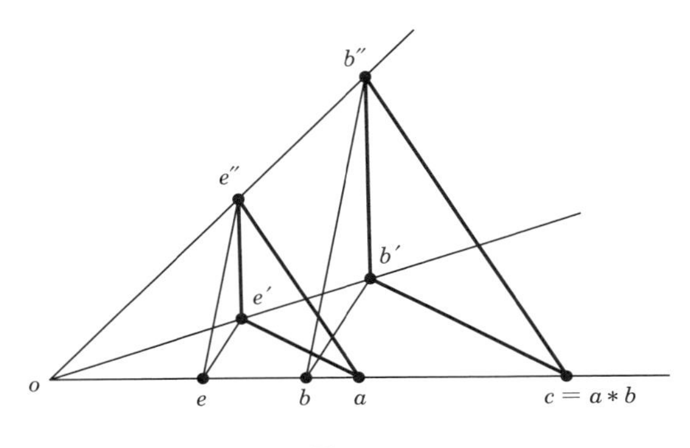

図 8.13

る．$e''e' \| b''b'$ かつ $e'a \| b'c$ ($\because c = a*b$) なので，デザルグの定理によって，$e''a \| b''c$ が成り立つ．ゆえに $c = a \circ b$ である．□

命題8.3 積の定義において，単位となる点 e を $\overrightarrow{oe}$ 上の別の点 e' で置き換えた場合，得られる乗法の演算を $*'$ で表すと，順序体 $(\ell, +, -, *, o, e)$ と $(\ell, +, -, *', o, e')$ は互いに同型である．

証明 同じ直線 ℓ 上では証明が難しいので，o で交わる別の直線 ℓ' に移して考える．ℓ' を点 o で ℓ と交わる直線とし，$oe'' = oe'$ となる e'' を ℓ' 上に取り，これを e' と考える(図 8.14 参照)．$(\ell, *, e) \simeq (\ell', *', e')$ を証明すればよい．

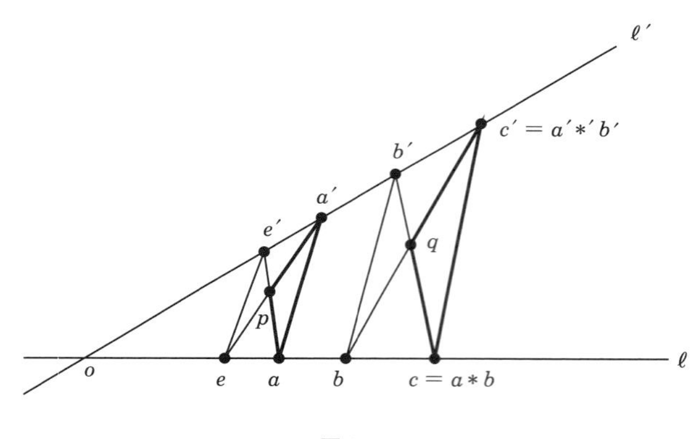

図 8.14

ℓ 上の点 a に対して，a を通り，ee' と平行な直線が ℓ' と交わる点を a' とする．$\varphi(a) = a'$ と定義し，φ が $(\ell, +, -, *, 0, e)$ から $(\ell, +, -, *', 0, e')$ への環としての同型写像であることを証明しよう．

$\varphi(a+b) = a'+b'$ であることは線分の和の定義によって明らかであるから，積について調べよう．

$\overrightarrow{oe'}$ 上に，e' を単位，e を補助の点として取って，$a'*'b' = c'$ を満たす点 c' を取る．

$e'a$ と $a'e$ の交点を p，また $c'b$ と $b'c$ の交点を q とする．二つの三角形 $a'pa, c'qc$ について，$ap \| cb'$ ($\because c = a*b$)，そして $a'p \| c'b$ ($\because c' = a'*'b'$) だから，デザルグの定理によって $aa' \| cc'$ を得る．すなわち，$\varphi(c) = c'$ で

ある．

φ が全単射であることは言うまでもないから，以上によって，φ の同型写像であることが証明された． □

8.8 補遺 2　比例論

ヒルベルトはユークリッド平面の線分算に基づいて比例論を展開した([8]，§16.「比例論」)．『原論』の比例と相似三角形の理論(第Ⅴ巻と第Ⅵ巻)がアルキメデスの公理 Am を前提としていることは周知の事柄である．第Ⅴ巻，定義4に「何倍かされて互いに他より大きくなり得る2量は互いに比を持つと言われる」とあるが，同種の量がすべて互いに比を持つためには Am が必要であるからである．ヒルベルトの方法に依れば，アルキメデスの公理を使わなくて済む．本書のこれまでの経緯を考えると，これは重要な事実であるということがわかるだろう．

以下では，アルファベットの小文字で線分の同値類を表すことにする．一つの数直線を規準として選び固定して $(\ell, +, -, *, o, e)$ とする．ベクトルをそれに属する矢線と同一視するのと同じ手法を多用するが，混乱は生じないであろう．

定義8.3　**比例と相似**

a, b, a', b' を線分とするとき，次のように**比例関係**：を定義する：

$$a : b = a' : b' \Longleftrightarrow a*b' = b*a' \Longleftrightarrow \exists\lambda(b' = \lambda*b \wedge a' = \lambda*a)$$

二つの三角形において対応する角がいずれも互いに等しいとき，**相似**であると言う．

このとき次が示される：

定理8.6　a, b と a', b' が二つの相似三角形の対応する辺ならば，比例関係 $a : b = a' : b'$ が成立する．

証明　二つの相似三角形を合同変換を使って図 8.15 (次ページ)のごとく，一つの角の中に収め，特に a が $\overrightarrow{oe}$ の上にあるようにする．また，e を通り，aa' と平行な直線が $\overrightarrow{oa'}$ と交わる点を e' とする．$\overrightarrow{oe}$ 上に e', a', b' と合同な線分を取り，同じく e', a', b' と表す．このとき線分算の積の定義によって，

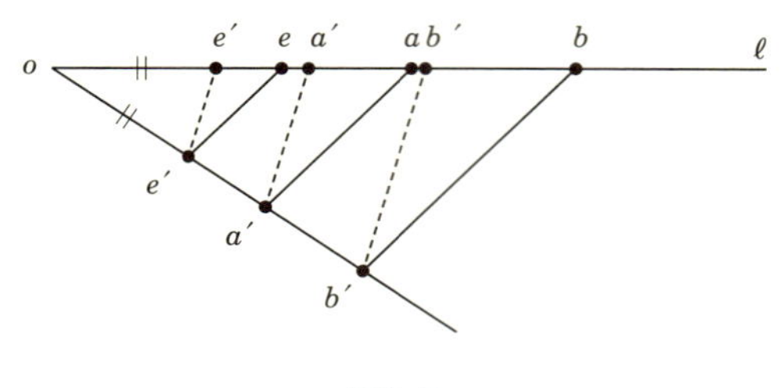

図 8.15

$$a = e' * a', \qquad b = e' * b'$$

を得る．積の可換性などを使えば，この両式から $a' * b = a * b'$ が従う．すなわち，$a : b = a' : b'$ である．　□

注　ヒルベルト[8]では，乗法を定義するとき，軸の直交性を使っているので，証明はまず直角三角形の場合から始めねばならない．本書では，軸は直交とは決めていないので，この定理の証明は簡単になっている．ハーツホーン[37]，命題 20.1，Greenberg[42]，pp. 236–237 の証明とも比較していただきたい．

この定理から次の比例論における基本定理が証明される：

定理8.7　比例論の基本定理

図 8.16 のように，一組の平行線が角の両辺から線分 a, b および a', b' を切り取るならば，比例関係 $a : b = a' : b'$ が成り立つ．逆に，4 線分 a, b, a', b' がこの比例関係を満足しているとき，a, a' と b, b' を角の辺上に取れば，直線 aa' と直線 bb' は平行である．

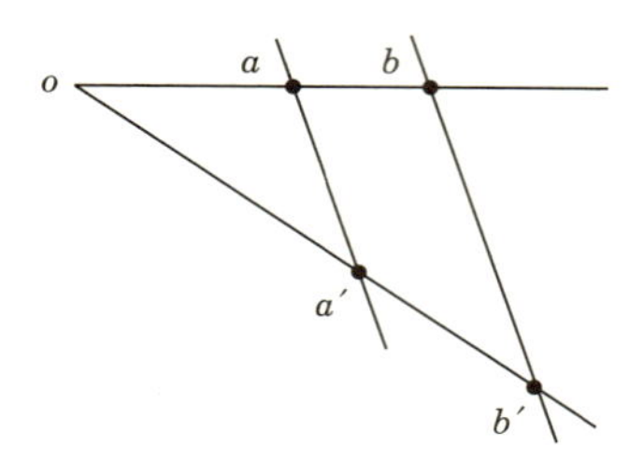

図 8.16

証明は容易なので，読者に任せることにする．

『原論』におけるピュタゴラスの定理は直角三角形の辺の上に立つ正方形の面積を使って述べられているが，本書では面積論は論じない．しかし，デカルト座標系の根拠付けに必要なのは線分の算法を使って述べる次の形である：

定理8.8　ピュタゴラスの定理(線分版)

直角三角形の斜辺を c，そして他の2辺を a, b とすれば，

$$a^2+b^2=c^2$$

が成り立つ．

証明　図8.17のように，直角三角形 ABC を考える(今まで点を表すのにもアルファベットの小文字を用いてきたが，ここでは混乱を避けるため大文字を使うことにする)．直角を囲む頂点 C から対辺に垂線を下ろし D とする．三角形 ABC, BCD, ACD は，相似の定義によって，すべて互いに相似である．$a=\mathrm{BC}$，$b=\mathrm{CA}$，$c=\mathrm{AB}$，$x=\mathrm{BD}$ とおくと，次の二つの比例が得られる：

$$x:a=a:c,\qquad (c-x):b=b:c$$

ゆえに(乗法は * を省くことにすると)

$$cx=a^2,\qquad c^2-cx=b^2$$

これら2式を足し合わせて結論を得る．□

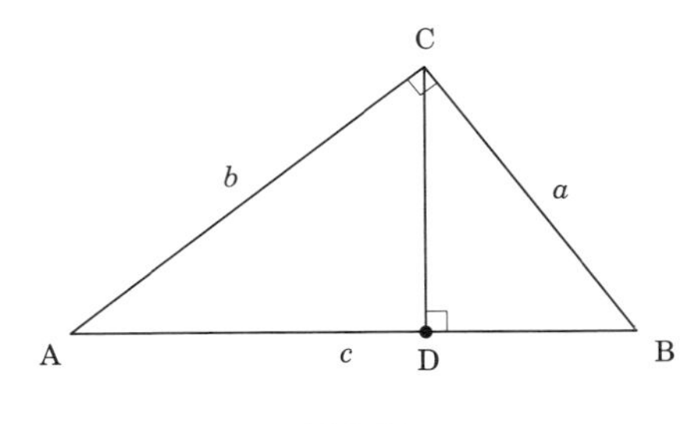

図8.17

第9章

双曲幾何に隠された数体系

ヒルベルトは[8]の付録Ⅲ「ボーヤイ=ロバチェフスキの幾何学の新しい基礎付け」で現代的な，一般の順序体上の双曲幾何の基礎付けを与えた．この論文は簡略に述べられたものだったが，後に続く研究者によって精密な体系に仕上げられた．本章では，ヒルベルトの論文とともにハーツホーン[37]を参考にして解説するのだが，今後の見通しを良くするために，よく知られた双曲幾何の古典的モデル，とくに上半平面モデルについて復習するところから始める．

9.1 双曲幾何の古典的モデル

双曲幾何のモデルとしてよく知られているのはポアンカレの上半平面モデル，ポアンカレの円盤モデル，クラインの円盤モデルの三つであろう[1)]．これらは実数体 $\mathbb{R}$ 上のモデルである．基礎となる体は $\mathbb{R}$ でなくても，順序体であればまったく同様に展開できる．

以下では上半平面モデルを取り上げることにするが，読者は，こうした古典的なモデルについては，ある程度の知識を持っているものと想定する(たとえば小林[34]，第2章参照)．

F を順序体としよう．F に虚数単位 i を添加した体を $F(i)$ と記す：

$$F(i) = \{x+yi \mid x, y \in F\}, \quad ここに\ i^2 = -1$$

また $z = x+yi$ に対して，$\bar{z} = x-yi$ と定義する．

$F(i)$ の上半平面を $H^+(F)$ と書く：

$$H^+(F) = \{x+yi \mid x, y \in F,\ y > 0\}$$

$H^+(F)$ の「直線」とは，

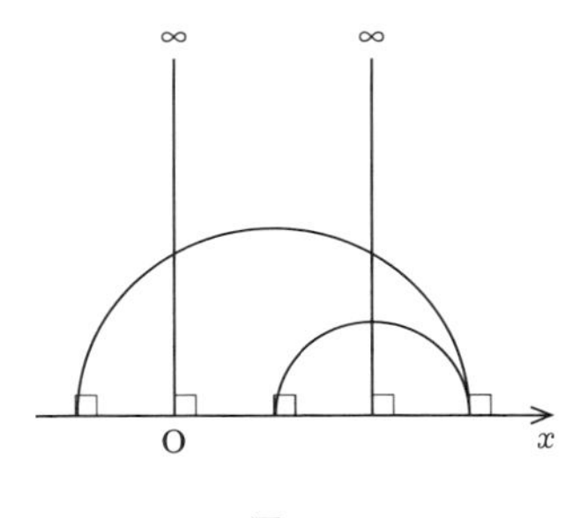

図 9.1

（1）実軸上に中心を持つ上半円周

（2）実軸と直交する上半直線

のいずれかであると定義する（図 9.1 参照）．

$$w = \frac{az+b}{cz+d}, \quad D = ad-bc = 1, \quad a, b, c, d \in F$$

という形の 1 次分数変換と，

$$w = \frac{a\bar{z}+b}{c\bar{z}+d}, \quad D = ad-bc = -1, \quad a, b, c, d \in F$$

という形の 1 次分数変換の全体の成す乗法群を $\mathrm{PGL}_2(F)$ と書く．この群が行列式 $D = \pm 1$ なる F 上の 2 次正方行列の成す乗法群（射影線型群）と同型になることは言うまでもなかろう．

よく知られているように，$\mathrm{PGL}_2(F)$ は $\mathscr{H}_2(F)$ の「直線」を「直線」に移すすべての変換からなる．しかも 1 次分数変換は等角写像であって，上半平面モデルの「角」はユークリッド幾何の意味での角である．

まず合同の関係を次のように定義する：

$$\mathrm{D}_{H^+}(z_1, z_2, w_1, w_2) \Longleftrightarrow \exists \varphi \in \mathrm{PGL}_2(F)\,[\varphi(z_1) = w_1 \wedge \varphi(z_2) = w_2]$$

すなわち z_1, z_2 の像が w_1, w_2（したがって「線分」z_1z_2 の像が「線分」w_1w_2）であるような変換（$\in \mathrm{PGL}_2(F)$）が存在するとき「線分」z_1z_2 は「線分」w_1w_2 と合同であると定義するのである．

また $\mathrm{B}_{H^+}(z_1, z_2, z_3)$ は z_1, z_2, z_3 が同一「直線」上にあって，z_2 が z_1, z_3 の間にある場合に成り立つとする．

このとき構造 $(H^+(F), \mathrm{B}_{H^+}, \mathrm{D}_{H^+})$ を $\mathscr{H}_2^+(F)$ と記す．$F = \mathbb{R}$ の場合の結果を

1）これらのモデルはすでにベルトラーミ（英訳[35]）によって提唱されていたが，簡明のため，ここでは慣行の呼び名に従う．

流用すれば次がわかる：

定理9.1 $\mathscr{H}_2^+(F)$ が初等双曲幾何 $\mathbb{H}_0$ のモデルである条件は，F がユークリッド的であることである．

順序体 F がユークリッド的であるとは，$a \in F$ が正ならば $a = b^2$ $(b \in F)$ と表せることであった．たとえば，虚軸上の2点 i と ai の2等分点 bi を求めてみよう．虚軸を虚軸に移す変換は $w = k^2 z$ という形である．これにより i, bi をそれぞれ bi, ai に写すという条件を求めてみると $b^2 = a$ であることがわかる．つまり2等分点が常に存在する条件は F がユークリッド的であることである．

$\mathscr{H}_2^+(F)$ の端点は従座標軸(横軸)上のすべての点，および ∞（すなわち，(2)のタイプの「直線」はすべて互いに限界平行であるので，それらの属する端点）である．一般的にヒルベルト平面で考えたときは端点は理想点(限界平行線の成す類)であったが，このモデルでは，∞ 以外は，目に見える点(ただしモデルには属していない)として視覚化されているのである．

F 上のポアンカレの円盤モデルを $\mathscr{H}_2^1(F)$，クラインの円盤モデルを $\mathscr{K}_2(F)$ と記す．このとき三つのモデルの同型性(すなわち，間の関係と合同の関係を保つ全単射の存在)が知られている：

$$\mathscr{H}_2^+(F) \xrightarrow{\Phi} \mathscr{H}_2^1(F) \xrightarrow{\Psi} \mathscr{K}_2(F)$$

$$\Phi(z) = \frac{i-z}{i+z}, \qquad \Psi(z) = \frac{2z}{1+z\bar{z}}$$

したがって，これらのモデルの間でなら，どのモデルで証明しても，他のモデルで証明したことにもなるので，証明に都合の良いモデルを使えば良いということになる．さらに，一般に，初等双曲幾何のモデルはどれでも，適当な順序体 F を見つけ出してやることができて，$\mathscr{H}_2^+(F)$ と同型になるというのが，次章で証明する予定の基本定理の主張である．

しかしそのためには，双曲幾何 $\mathbb{H}_0$ のモデルが与えられただけでは，付随する順序体は隠れていて見えないので，それを抉摘(けってき)しなければならないという難関がある．この難関を乗り越えるために端点という概念を導入したのがヒルベルトならではの「離れ技」(tour de force：ハーツホーンの評語)であった．

9.2 角の内部に収まる直線

半直線を限界平行という同値関係で類別した類が端点であるが，端点は上半平面モデルで言えば，実軸上の点，および ∞ として，また円盤モデルで言えば単位円周上の点として視覚化されている．

このモデルが暗示するように，端点を現実的な点とみなそうというのが目標だとすると，端点と端点，端点と通常点を結ぶ直線の存在を証明しなければならない．A が端点(すなわち，限界平行線の同値類)とすると，A と通常点 a を結ぶ直線が存在するということは，同値類 A の中に a を通る直線が存在することと定義できる．端点 A と点 a を結ぶ直線がただ一つだけ存在することは第 7 章で説明した．端点と端点を結ぶ直線の存在を証明するのはなかなか難事である．まず次のサッケーリが解析的連続性を使って導いた重要な定理を証明する：

定理9.2　サッケーリ

初等双曲幾何 $\mathbb{H}_0$ において，2 直線 α と β が平行ではあるが，限界平行ではないならば，α, β の双方に垂直に交わる直線が唯一つ存在する．

証明　α 上の 2 点 a, c から β に下した垂線の足をそれぞれ b, d とする(図 9.2 参照)．

$ab \equiv cd$ ならば，$dbca$ はサッケーリ四辺形である．したがって命題 6.1 によって ac の中点と bd の中点を結ぶ直線は α, β の双方に直交している．

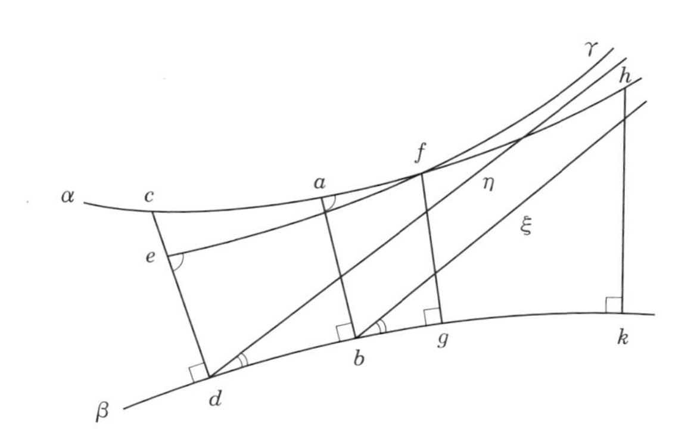

図 9.2

次に $ab \not\equiv cd$ とする．α 上の点から β に下した垂線の長さが ab と一致するような点を見つけ出せばよい．

たとえば $cd > ab$ と仮定する．cd 上に $de \equiv ba$ となるように点 e を取る．γ を e を始点とする半直線で，ed と成す角が，α と ab の成す角に等しいものとする．γ は α と交わる．実際，b を始点とする α に極限平行な半直線を ξ とする．α と β は極限平行ではないので，ξ は β 上の半直線ではない．次に η を d を始点とする半直線で β と成す角が，ξ が β と成す角と等しいものとする．このとき，η は ξ に平行であって，限界平行ではない．一方，$\gamma ed\eta$ と $\alpha ab\xi$ を比較して，$\xi|||\alpha$ なので $\eta|||\gamma$ がわかる．ゆえに γ は α とある点 f で交わらねばならない．

f から β に下した垂線の足を g とする．次に，半直線 $\overrightarrow{af}$ 上に $ah = ef$ なる点 h を取る．h から β に垂線を下ろし，足を k とする．二つの四角形 $dgef$ と $bkah$ を見比べると，これらが合同であることがわかる(対角線を引いて三角形の SAS 合同を 2 度使えばよい)．したがって，$fg = hk$ である．これは hk が β に垂直であることを示している．したがって $gkfh$ はサッケーリ四角形であり，その中線(fh の中点と gk の中点を結ぶ直線)は α, β の双方に垂直である．

最後に，唯一性の証明だが，これは仮にそうした直線が 2 本あるとすると，これらが α, β と成す四角形が長方形となるので，矛盾を生じることから，明らかである．□

この定理は，交わらない 2 直線(いわゆる，平行線)は限界平行線と 2 直線に垂直な直線が存在する(言い換えれば，そこで基準的平行線となる)平行線の 2 種類しか存在しないことを主張している．次の定理は与えられた二つの端点を結ぶ直線が一意的に存在するという事実を印象的に述べたものである．

定理9.3　角に囲い込まれる直線

初等双曲幾何 $\mathbb{H}_0$ において，$\angle aob$ が与えられているとき，$\alpha|||\overrightarrow{oa}$ かつ $\alpha|||\overrightarrow{ob}$ を満たす直線 α が $\angle aob$ の内部にただ一つ存在する(図 9.3 参照，次ページ)．

証明　o, a, b を $oa \equiv ob$ なる，共線的ではない 3 点とし，半直線 $\overrightarrow{oa}$ が属する端点を A，$\overrightarrow{ob}$ が属する端点を B とする(図 9.4 参照)．

二つの半直線 bA, aB を考える(たとえば，bA は b を通り，$\overrightarrow{oa}$ に限界平

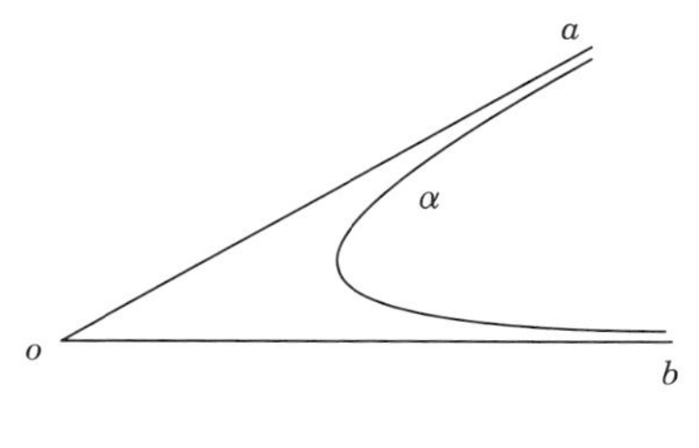

図 9.3

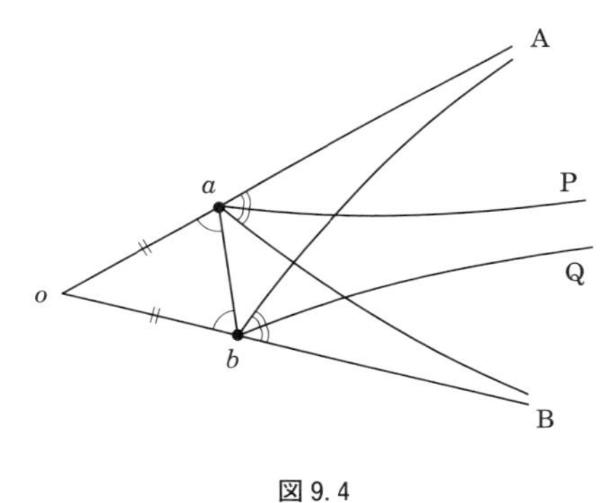

図 9.4

行な直線である）．命題 7.2 を極限三角形 $ab\mathrm{A}, ba\mathrm{B}$ に適用して，$\angle ba\mathrm{B} \equiv \angle ab\mathrm{A}$，ゆえに $\angle \mathrm{A}a\mathrm{B} \equiv \angle \mathrm{B}b\mathrm{A}$ を得る．そこで $\angle \mathrm{A}a\mathrm{B}$ の 2 等分線を $a\mathrm{P}$，また $\angle \mathrm{B}b\mathrm{A}$ の 2 等分線を $b\mathrm{Q}$ とする．

まず $a\mathrm{P}$ と $b\mathrm{Q}$ は平行ではあるが，限界平行ではないことを示す．すると，定理 9.2 が適用できて，双方に垂直な直線 ℓ が存在することになる．そこで，この ℓ が求める直線であることを示すという方針である．

$a\mathrm{P}$ と $b\mathrm{Q}$ の関係に応じて，三つの場合が生じる．

1. $a\mathrm{P}$ と $b\mathrm{Q}$ が交点 c を持つとしよう（図 9.5 参照，次ページ）．$\angle cab \equiv \angle cba$ だから $ac \equiv bc$ である．$\angle ca\mathrm{B} \equiv \angle cb\mathrm{B}$ であるから，二つの極限三角形 $ac\mathrm{B}, bc\mathrm{B}$ に命題 7.2 を適用すれば，$\angle ac\mathrm{B} \equiv \angle bc\mathrm{B}$ を得る．これは明らかな矛盾であるから，交点 d が存在することが否定された．
2. $a\mathrm{P} ||| b\mathrm{Q}$ であるとしよう（図 9.6 参照）．その端点は $\mathrm{P}\,(=\mathrm{Q})$ である．$a\mathrm{P} ||| b\mathrm{P}$ によって $a\mathrm{B}$ と $b\mathrm{P}$ は $\angle \mathrm{A}o\mathrm{B}$ 内で交わるので，そ

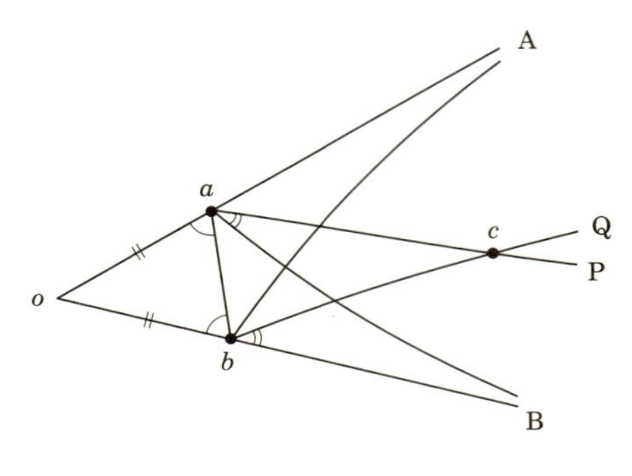

図 9.5

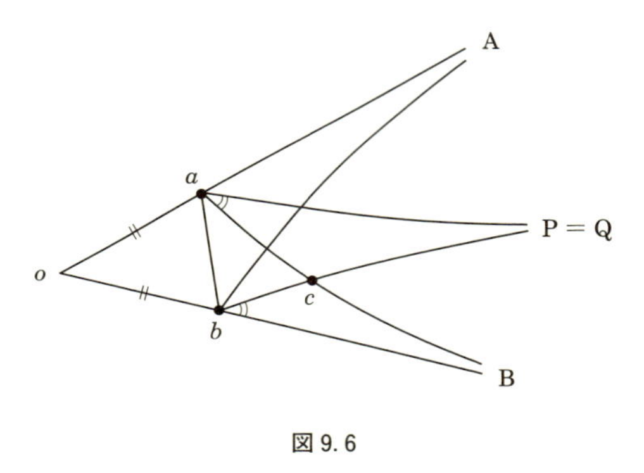

図 9.6

の交点を c とする．極限三角形 acP と bcB に命題 7.5 を適用すると $ac \equiv bc$ を得る．ゆえに $\angle cba \equiv \angle cab$ だが，これは $\angle cab \equiv \angle ab\mathrm{A} < \angle cba$ に矛盾する．

以上によって，aP と bQ は平行ではあるが，限界平行ではないことがわかったので，定理 9.2 によって aP と bQ の双方に垂直な直線 ℓ が ab に関して o とは反対側に存在する．ℓ に対して $\ell|||o\mathrm{A}$ かつ $\ell|||o\mathrm{B}$ が成り立つことを証明する．後者を証明すれば十分である．

仮に，$\ell|||o\mathrm{B}$ ではないとしよう（図 9.7 参照，次ページ）．aP と ℓ との交点を c，bQ と ℓ との交点を d とする．cB と dB を考えれば，$\ell|||o\mathrm{B}$ ではないからどちらも ℓ とは一致しない．ℓ が aP と bQ の双方に直交することと $\angle cab \equiv \angle dba$ であるから，$ac \equiv bd$ である．さらに $\angle ca\mathrm{B} \equiv \angle db\mathrm{B}$ であるから，二つの極限三角形 acB と bdB に命題 7.2 が適用でき

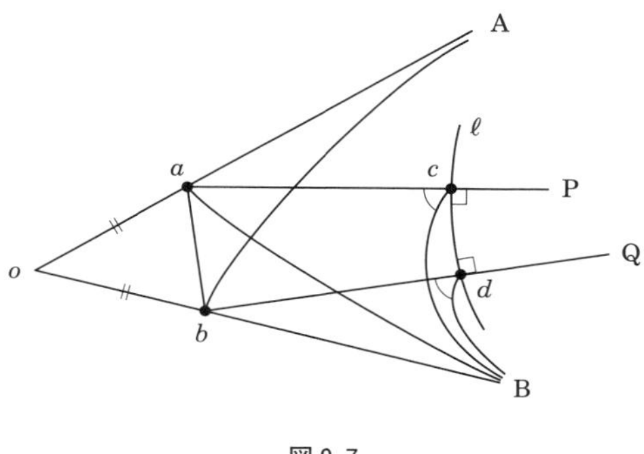

図 9.7

て $\angle acB \equiv \angle bdB$ が従う．ゆえに cB と dB が ℓ と交わる角が等しいことになって $cB|||dB$ ではありえない．これによって $\ell|||oB$ が証明された．

唯一性を示そう．α と β が両方の端点を共有するとする．a を α 上の点とする．a から β に垂線を下ろし，足を b とすると，α と β が ab と成す角は，限界平行の定義によって，どちら側にも和が 2 直角より小さくなり，これは矛盾である． □

この定理は，2 点を結ぶ直線が唯一存在するという命題(公理だが)同様，二つの端点を結ぶ直線が唯一存在するという重要な主張であって，後述の端点の算術の基礎を成す．

ルジャンドルには「角の内部に収まる直線」などいうものは「直線の本性に反する」と思われた．またルジャンドルは「角の内部の点を通る直線は，頂点を通るのでなければ，角を成す 2 辺と交わる」という仮定から平行線公準が従うことを証明できたので，第 5 公準を「より自明な公理」に置き換えることができたと信じたようである．

9.3 変換という考え方

変換(transformation)という考え方は，現代数学では，基本中の基本の道具である．しかしギリシア数学ではそうではなかった．あたかもギリシアでは落体などの運動が考察の対象とはされず，静力学が主題であったのと軌を一にしている．それは『原論』を観ると一目瞭然であろう．先に，上半平面モデルで 1 次分数変換によって線分の合同を定義したが，これは現代的な考え方を用いたのであって，こうした方法が公理系から自然に導き出せるわけではない．

表面上は姿が見えない「変換」という概念が実は合同に関する公理系の中に潜在しているという事実を解明する鍵は鏡映(Spiegelung (独)，reflection (英))という単純な概念にある．鏡映は一つだけでは，単に硬直的な折り返しにすぎないが，『原論』的な世界から一歩を踏み出した一つの「変換」であることには相違なく，しかもいくつか重ねると，古典幾何学における運動をすべて表現することができる．

まず，基本に戻って，合同変換の定義から始める．以下では，$\mathscr{H}$ をヒルベルト平面(絶対幾何のモデル)とする：

定義9.1　合同変換

全単射 $S:\mathscr{H}\mapsto\mathscr{H}$ が $\mathscr{H}$ の合同変換であるとは，次の2条件が成り立つことを言う：

(1) S は間の関係を保つ．すなわち

$$\mathrm{B}(a,b,c)\Longrightarrow\mathrm{B}(a',b',c')$$

が成り立つ．ここに $a'=S(a)$ 等とする．

(2) S は等長変換である．すなわちすべての線分 ab に対して

$$a'b'\equiv ab$$

が成り立つ．

線分 ab の S による像 $S(ab)$ を $a'b'$ で定義すれば上式は

$$S(ab)\equiv ab$$

と書ける．

注1 直線は間の関係で定義されているから，あるいは直線という言葉はわれわれの絶対幾何の公理系では消去されていて，便宜的に導入される概念だから，合同変換の定義において「直線を直線に移す」という条件を述べる必要がない．また角も三角形，すなわち3点を使って定義されているので，「角を保つ」も条件に入れる必要もない．

2 写像の合成という演算の下で合同変換の全体が群を成すことは明らかであろう．これを $\mathscr{H}$ の合同変換群と名付ける．

3 S が合同変換であれば，

$$ab\equiv cd\Longrightarrow a'b'\equiv c'd'$$

が成り立つことは明らかだが，逆は成り立たない．ユークリッド平面の相似写像が逆の成り立たない例である．

定義9.2　鏡映

α を直線とする．点 a から α に垂線を下し，その足を m とする．$\mathrm{B}(a, m, a')$，かつ $a'm \equiv am$ を満たす点 a' は一意的に存在するから，この a' を $S_\alpha(a)$ と記す．$a \in \alpha$ のときには $S_\alpha(a) = a$ としておく．これで定まる $\mathcal{H}$ の変換 S_α を α に関する鏡映と呼ぶ．

鏡映 S_α がヒルベルト平面の $S_\alpha \circ S_\alpha$ が恒等変換となるような合同変換であることは容易にわかるであろう．

補題9.1　合同変換 S が2点 a, b を不動点に持つとき，a, b を結ぶ直線 ab 上のすべての点は S の不動点となる．

証明　$\mathrm{B}(a, c, b)$ とすると，S は間の関係を保持するから，$c' = S(c)$ とすると，$\mathrm{B}(a, c', b)$ である．すなわち線分 ab 内の点は S によって ab 内に留まる．S はまた等長変換でもあるので，$ac \equiv S(ac) \equiv ac'$ が成り立つ．c' が線分 ab 内の点であることを考慮すると $c' = c$ でなければならない．$\mathrm{B}(a, b, c)$ および $\mathrm{B}(c, a, b)$ の場合も同様である．□

補題9.2　合同変換 S が3点を不動点に持つならば S は恒等変換である．

証明　a, b, c が S の不動点であるとする．補題9.1によって直線 ab, bc, ca 上の点はすべて S の不動点である．

$p \in \mathcal{H}$ とする．三角形 abc の1辺上の点 d と p を結ぶ直線はパッシュの公理によって残りのどちらかの辺と交わる．その点を e とすると d, e はいずれも S の不動点なので d, e を結ぶ直線上の点である p も補題9.1によって不動点である．□

補題9.3　S が直線 α 上のすべての点を不動点として持つならば，S は恒等変換であるか，α に関する鏡映 S_α である．

証明　$a \in \mathcal{H}$ とする．a から α に垂線を下ろし，その足を b とする．また c を α 上の b 以外の点とする．$a' = S(a)$ 等とすれば，S は合同変換だから，SSS（三辺合同定理）によって $\triangle abc \equiv \triangle a'b'c'$ が成り立つ．ゆえに $\angle a'bc \equiv \angle abc = \angle R$ であるが，$a' \neq a$ なので $\mathrm{B}(a, b, a')$ を得る．しかも $ab \equiv a'b$ なので，a' は α に関する a の鏡映像である．□

$$\angle bab' \equiv \angle cac',\quad ここに\ b' = S(b),\ c' = S(c)$$

が任意の b, c に対して成り立つ合同変換 S を，a を中心とする**回転**(rotation)と呼び，一定角 $\angle bab'$ を S の回転角と呼ぶことにすると，次が成り立つ：

補題9.4　点 a を中心とする回転 S は a を通る二つの直線 α, β を選ぶとそれらに関する鏡映の積 $S_\beta \circ S_\alpha$ として表せる．また回転角は α と β の成す角の 2 倍である．逆に，1 点で交わる 2 直線 α, β に対して $S_\beta \circ S_\alpha$ は回転を表す．

証明　$b \in \mathcal{H}$ に対して $\angle bab'$ の 2 等分線を β とする．p を直線 ab 上の点とする．pp' と β との交点を m とする．$ap \equiv ap'$ だから，$\triangle apm \equiv \triangle ap'm$ である．ゆえに $p' = S_\beta(p)$ である．したがって $S_\beta \circ S$ は直線 $\alpha = \overleftrightarrow{ab}$ 上の点を動かさない．ゆえに恒等変換か α に関する鏡映である．恒等変換だとすると，S 自身が鏡映ということになるが，回転は鏡映ではないので，これはありえない．ゆえに $S_\beta \circ S = S_\alpha$，したがって $S = S_\beta \circ S_\alpha$ である．

逆に，α と β の成す角を θ とし，回転角 2θ の回転を S とする．$S \circ S_\alpha = S_\beta$ は容易にわかるので $S = S_\beta \circ S_\alpha$ が成り立つ．□

補題9.5　合同変換 S が 1 点 a のみを不動点として持つならば，S は a を中心とする回転である．

証明　$b(\neq a) \in \mathcal{H}$ とし，β を線分 bb' の垂直 2 等分線とする．$ab \equiv ab'$ なので，a は β 上にあって，$S_\beta \circ S$ は a と b を固定する．$S_\beta \circ S \neq I$（恒等変換）は $S \neq S_\beta$ からわかるので，補題 9.1 と補題 9.3 によって，$S_\beta \circ S = S_\alpha$ である．ここに α は直線 ab である．ゆえに $S = S_\beta \circ S_\alpha$ である．□

補題9.6　ヒルベルト平面における合同変換は三つの鏡映の積として表せる．

証明　S を合同変換として，三角形 abc の S による像を $a'b'c'$ としよう．

線分 aa' の垂直2等分線を α とすれば，$S_\alpha(a) = a'$ である．$S_\alpha(b) \neq b'$ の場合は $b^* = S_\alpha(b)$ と置く．$b'b^*$ の垂直2等分線を β とすると，$S_\beta(b^*) = b'$ を得る．β は a' を通るので $S_\beta(a') = a'$ である．

$c^\times = S_\beta \circ S_\alpha(c)$ が c' と一致しない場合は，『原論』第I巻《命題7》(第4.5節参照)によって，$c^\times$ は $a'b'$ に関して c' と対称なので，直線 $a'b'$ を γ と置けば，$S_\gamma \circ S_\beta \circ S_\alpha(c) = c'$ となる．$T = S_\gamma \circ S_\beta \circ S_\alpha$ とすれば，$T(a) = a'$, $T(b) = b'$, $T(c) = c'$ となる．$S^{-1} \circ T$ は3点 a, b, c を不動点に持つので，補題9.2によって恒等変換である．ゆえに $S = T$ である． □

9.4 1次分数変換の例

以下に，上半平面モデル $\mathscr{H}_2^+(F)$ における基本的な1次分数変換(合同変換)をいくつか例示する．

例9.1 $S_0 : z \mapsto -\bar{z}$ は，O と ∞ を結ぶ「直線」O $*$ ∞ に関する鏡映を表す(図9.8参照)．不動点はO $*$ ∞ 上のすべての点，および端点まで含めれば，O と ∞ である．不変直線(invariant line：全体としては動かない直線)は a と $-a$ を結ぶ「直線」$a * (-a)$ のすべてである．

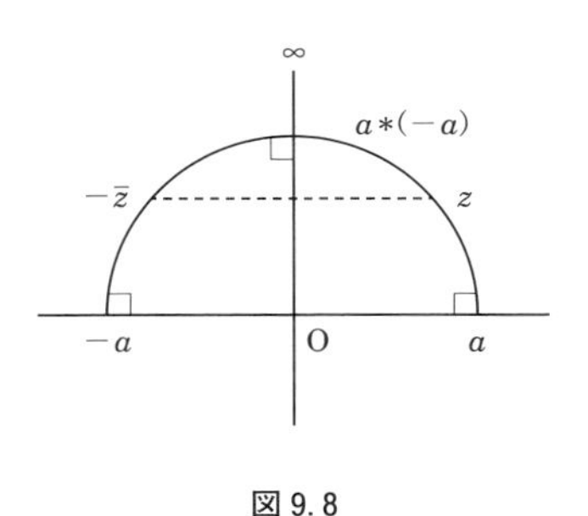

図9.8

例9.2 $T_a : z \mapsto \dfrac{a^2}{\bar{z}}$ は a と $-a$ を結ぶ「直線」$a * (-a)$ に関する鏡映を表す(図9.9参照，次ページ)．不動点は $a * (-a)$ 上の(端点を含めた)すべての点である．不変直線は $a * (-a)$ に直交する「直線」のすべてである．

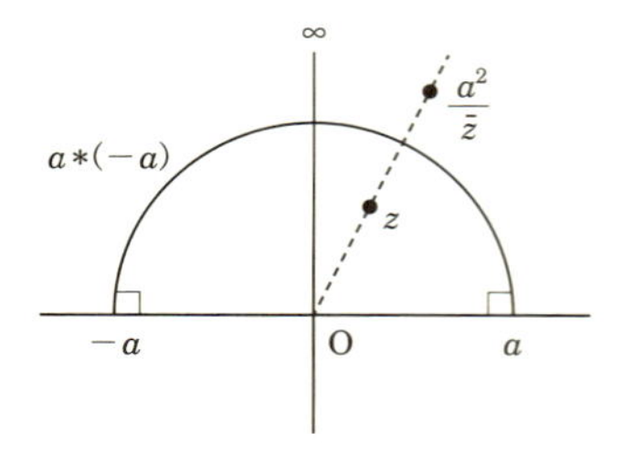

図 9.9

例9.3 $S_{b/2}\circ S_0 : z \mapsto z+b\ (b \neq 0)$ は**無限遠点の周りの回転**と呼ばれる．不動点は端点 ∞ だけである．不変直線は存在しない．

例9.4 $T_a \circ T_1 : z \mapsto az\ (a > 0)$ は「直線」$\mathrm{O}*\infty$ に沿う**並進**(translation)と呼ばれる．$a \neq 1$ ならば不動点は端点 ∞ だけである．不変直線は $\mathrm{O}*\infty$ である．

例題 $z = i$ を中心とする回転 R は

$$R(z) = \frac{z\cos\theta - \sin\theta}{z\sin\theta + \cos\theta}$$

と表せることを示せ．

解答

1. 補題 9.5 を使って解いてみよう．i が不動点だから，

$$i = \frac{ai+b}{ci+d}$$

が成り立つ．これより，$a = d$, $b = -c$ を得る．$D = ad-bc = 1$ と基準化すると，$D = ad-bc = a^2+b^2 = 1$ より，$a = \cos\theta$, $b = \sin\theta$ と置ける．ゆえに上のように書ける．

2. 回転の定義(補題 9.4 参照)に従って解いてみよう．$z = i$ を通る「直線」として $1*(-1)$ と $\alpha = (b-c)*(b+c)$ (中心 (b, O)，半径 c の円)を取る．i が α 上にあることから $b^2+1 = c^2$ が成り立っていなければならない．$(b-c)*(b+c)$ に関する鏡映は例 9.3 を使って O を中心 (b, O) に移してから $(-c)*c$ で鏡映し，またもとへ戻せばよい．

$$S(z) = (S_{b/2}\circ S_0)\circ T_c \circ (S_{-b/2}\circ S_0)\circ T_1(z)$$

$$= (S_{b/2} \circ S_0) \circ T_c \circ (S_{-b/2} \circ S_0)\left(\frac{1}{\bar{z}}\right)$$

$$= (S_{b/2} \circ S_0) \circ T_c\left(\frac{1}{\bar{z}} - b\right)$$

$$= (S_{b/2} \circ S_0)\left(\frac{c^2 z}{-bz+1}\right) = \frac{c^2 z}{-bz+1} + b = \frac{z+b}{-bz+1}$$

$\dfrac{1}{\sqrt{1+b^2}}$ を a と書き，$\dfrac{b}{\sqrt{1+b^2}}$ を b と書けば，

$$S(z) = \frac{az+b}{-bz+a}, \qquad a^2+b^2 = 1$$

となる． □

9.5 双曲幾何の 3 鏡映定理

本節では後に重要な役割を果たす 3 鏡映定理の双曲版を証明する．

次はユークリッド幾何の外心定理を双曲幾何に敷衍した命題である：

命題9.1　外心定理（双曲幾何版）

初等双曲幾何 $\mathbb{H}_0$ の三角形の 3 辺の垂直 2 等分線に対して，次の三つのうちのいずれかが生じる：

(1) これらは 1 点で交わる．
(2) これらは一つの直線に垂直である．
(3) これらは限界平行で，共通の端点を持つ．

証明　三角形を abc とし，辺 ab, bc, ca の垂直 2 等分線をそれぞれ，α, β, γ とする．

(1) α, β がある点で交わるならば，第三の垂直 2 等分線 γ もその点を通るという主張は『原論』第Ⅳ巻，命題 2「与えられた 3 点を通る円がただ一つ存在する」そのものである（証明は『原論』参照：証明には平行線公準 E は使われていないことは注意を要する）．

(2) α と β が直線 ℓ と垂直に交わっているとする（図 9.10 左参照，次

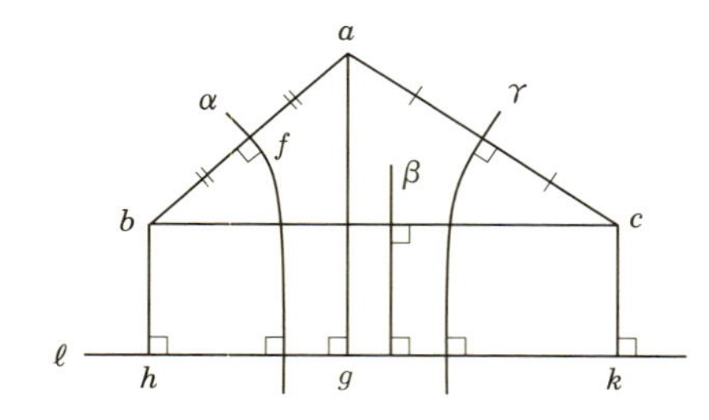

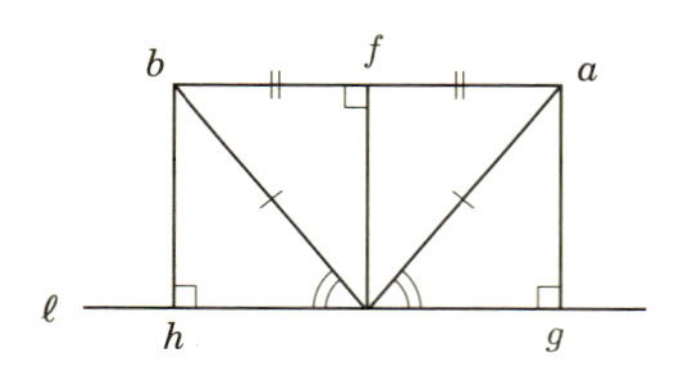

図 9.10

ページ)．a, b, c から ℓ に垂線を下ろして，足をそれぞれ，g, h, k とする．図 9.10 右を見るとわかるように，$ag \equiv bh$ が成り立っている．

同様にして，$ck \equiv bh$ が成り立っている．ゆえに，$ag \equiv ck$ である．これにより $gkac$ はサッケーリ四角形を成すことがわかった．ゆえにその中線は命題 6.1 より，ℓ と ac に垂直である．すなわち $\gamma \perp \ell$ である．

(3) $\alpha ||| \beta$ とする．このとき γ はこの 2 直線と限界平行である．なぜなら，γ は α と交わるか，平行であって限界平行ではないか，限界平行かのいずれかであるが，交わる場合は(1)によって α と β も交わらねばならないし，2 番目の場合は定理 9.2 によって唯一の共通の垂線を持つので長方形が存在することになり，矛盾を生じるからである．同様にして $\beta ||| \gamma$ も成り立つ．

さらに，α と β の共通の端点を A としよう．γ が A を端点として持たないならば，β は α と二つの端点を共有することにな

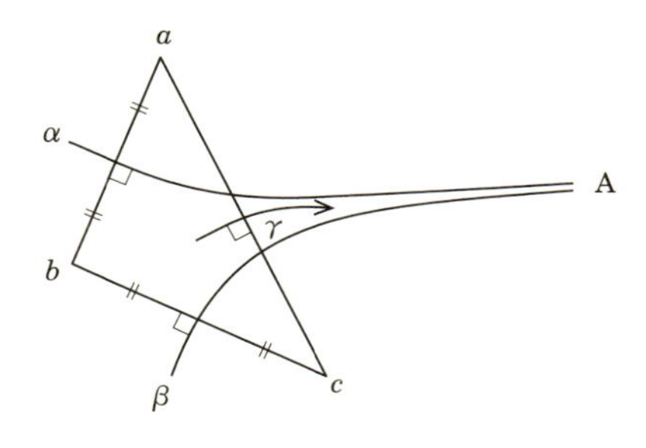

図 9.11

るが，これは起こりえない．したがってγも A を端点として持つ． □

定理9.4　3 鏡映定理(双曲幾何版)

初等双曲幾何 $\mathbb{H}_0$ において，3 直線α, β, γが同じ A を端点とする場合，$S_\delta = S_\gamma \circ S_\beta \circ S_\alpha$を満たす直線$\delta$が存在し，$\delta$は同じく A を端点とする．

証明　$a \in \alpha$を取り，$b = S_\beta(a)$，$c = S_\gamma(b)$とする．線分acの垂直 2 等分線をδとすれば，このδが求めるものである(図 9.12 参照)．それを示すには$\varphi = S_\delta \circ S_\gamma \circ S_\beta \circ S_\alpha$が恒等変換であることを証明すればよい．$\varphi(a) = a$は$b, c, \delta$の定義から明らか．$\triangle abc$に外心定理(命題 9.1)を適用すれば$\delta$も A を端点とすることがわかる．したがって$\varphi(\mathrm{A}) = \mathrm{A}$であり[2)]，$\varphi$が合同変換，したがって等長変換であることによって，φは直線αのすべての点を動かさない．そういう合同変換はS_αか恒等変換である．

仮に$\varphi = S_\alpha$とすると，φの定義から$S_\delta \circ S_\gamma \circ S_\beta = I$(恒等変換)となる．$S_\delta^2 = I$を考慮すれば，これより$S_\gamma \circ S_\beta = S_\beta \circ S_\gamma$を得る．よく知られているように，これは$\beta \perp \gamma$を意味していて矛盾を生じるから，$\varphi$は恒等変換である． □

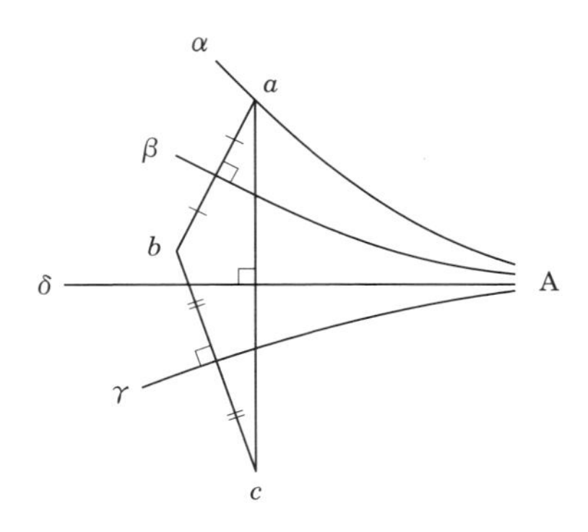

図 9.12

2) Sを合同変換とするとき，$\alpha|||\beta$であれば$S(\alpha)|||S(\beta)$が成り立つことが限界平行の定義に戻って考えれば明らかだから，A がαの端点であるとき，A のSによる像$S(\mathrm{A})$を$S(\alpha)$の属する類として定義できることがわかる．

9.6 端点算の定義

双曲平面 $\mathscr{H}$ を一つ固定する．二つの端点 A, B が与えられると定理 9.3 によってA, B を端点とする直線が定まる．これを A と B を結ぶ直線と言い，A ∗ B と記すことにする．

二つの端点を任意に選び，それらを O と ∞ と記す．直線 O ∗ ∞ を**主座標軸**と名付ける（上半平面モデルでは虚軸に相当する）．また主座標軸上の点を任意にとって j と記す（虚数単位をイメージしている）．∞ を**無限端点**と呼ぶ．それ以外の端点を**有限端点**と呼んで，有限端点の全体を $F_{\mathscr{H}}$，略して F と記す．

直線 A ∗ ∞ に関する鏡映を S_{A} と記す．先に使った記号との整合性で言えば，$S_{\mathrm{A}*\infty}$ と書くべきだが，簡便のため，寛恕を願おう．$S_O(\mathrm{A})$ を $-\mathrm{A}$ と定義する．また今後 $T \circ S$ を TS と記すことにする．

定義9.3　加法

A, B ∈ $F_{\mathscr{H}}$ とする．$a = S_{\mathrm{A}}(j)$，$b = S_{\mathrm{B}}(j)$ と置く．A ∗ ∞，B ∗ ∞ はそれぞれ ja, jb の垂直 2 等分線である．したがって線分 ab の垂直 2 等分線は ∞ を端点として持つ（命題 9.1）．そこでそのもう一つの端点を A+B と定義する（図 9.13 参照）．

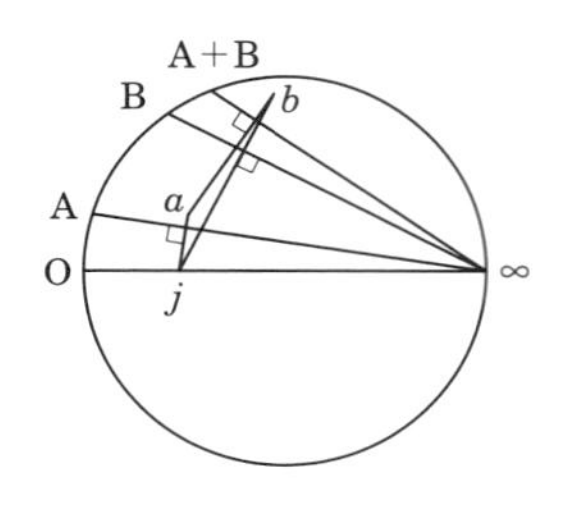

図 9.13

3 鏡映定理を使えば次がわかる：

$$S_{\mathrm{A+B}} = S_{\mathrm{B}} S_0 S_{\mathrm{A}}$$

実際，3 鏡映定理によって $S_{\mathrm{B}} S_0 S_{\mathrm{A}} = S_{\mathrm{C}}$ と置けるが，$a = S_{\mathrm{A}}(j)$ なので，

$$S_{\mathrm{C}}(a) = S_{\mathrm{B}} S_0 S_{\mathrm{A}}(a) = S_{\mathrm{B}} S_0(j) = S_{\mathrm{B}}(j) = b$$

であるが，これは C ∗ ∞ が ab の垂直 2 等分線であることを意味している．すなわち C = A+B である．

この結果は，和が主座標軸上の点 j の取り方には無関係に定まっていることも示している．

定義から

$$\mathrm{A}+\mathrm{B}=\mathrm{B}+\mathrm{A}, \quad \mathrm{O}+\mathrm{A}=\mathrm{A}, \quad \mathrm{A}+(-\mathrm{A})=\mathrm{O}$$

は明らかである．結合法則は次のようにしてわかる：

$$S_{(\mathrm{A}+\mathrm{B})+\mathrm{C}}=S_{\mathrm{C}}S_{\mathrm{O}}S_{\mathrm{A}+\mathrm{B}}=S_{\mathrm{C}}S_{\mathrm{O}}(S_{\mathrm{B}}S_{\mathrm{O}}S_{\mathrm{A}})=(S_{\mathrm{C}}S_{\mathrm{O}}S_{\mathrm{B}})S_{\mathrm{O}}S_{\mathrm{A}}=S_{\mathrm{A}+(\mathrm{B}+\mathrm{C})}$$

これによって $F=F_{\mathscr{H}}$ が $+$ の演算で加法群を成すことが証明された．

定義9.4　順序

j において主座標軸と直交する直線の端点の一つを I と書く．もう一つの端点は $-$I である．主座標軸に関して I と同じ側にある端点は**正**であるとし，反対側の端点は**負**であるとする．そして $\mathrm{A}<\mathrm{B}$ は $\mathrm{B}-\mathrm{A}=\mathrm{B}+(-\mathrm{A})$ が正であることと定義する．

定義9.5　乗法

$\mathrm{A},\mathrm{B}\in F^{\times}=F-\{\mathrm{O}\}$ とし，$\mathrm{A}>\mathrm{O}$, $\mathrm{B}>\mathrm{O}$ とする．$\mathrm{A}*(-\mathrm{A}), \mathrm{B}*(-\mathrm{B})$ が主座標軸と交わる点をそれぞれ a, b とする．$ja+jb=jc$ となる主座標軸上の点 c を取る．ここに $+$ は双曲平面における線分の加法である（点 p が j と ∞ の間にあれば jp は正であり，j と O の間にあれば負である）．このとき c において主座標軸と直交する直線の正の端点を A・B（しばしば AB と略記する）と定義する（図 9.14）．A, B がともに正ではない場合は，通常の符号の定義に従って積の符号を定める．また $\mathrm{A}\cdot\mathrm{O}=\mathrm{O}$ と定義する．

積は線分の和を使って定義されていて，線分算が加法群を成すことから，$F^{\times}$ が I を単位元とする乗法可換群を成すことは明らかである．

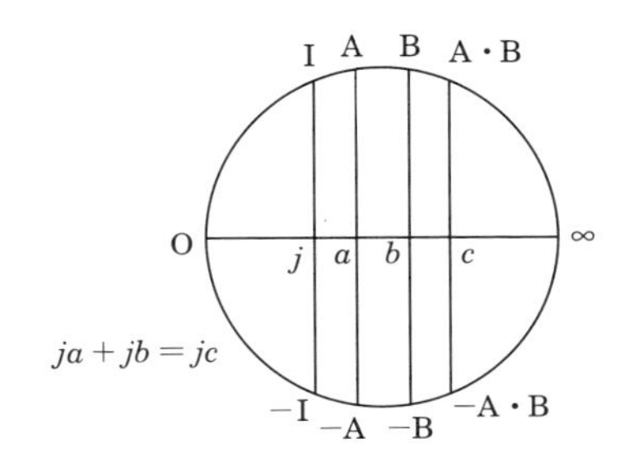

図 9.14

とくに，$A \in F^{\times}$，$A > O$ のとき，$A*(-A)$ と主座標軸との交点 a に対して，$ja+jb=j$ を満たす b が取れるので，$A*B=I$ なる $B \in F^{\times}$（A の逆元）が存在する．

一方，分配法則の証明は意外に難しい．

補題9.7 $C \in F^{\times}$ とする．$F^* = F \cup \{\infty\}$ 上の置換

$$T_C(X) = C \cdot X, \text{ ただし } C \cdot \infty = \infty \text{ とする}$$

から誘導される $\mathcal{H}$ の変換（これも T_C と記す）は合同変換である．

端点が決まれば，直線が決まり，直線の交点として点が決まるので，F^* の置換から $\mathcal{H}$ の変換が誘導されるのだが，T_C の場合，これが合同変換であることは次章で示そう．

さて，図 9.13 において三角形 jab を T_C で移すと，三角形 $T_C(j)T_C(a)T_C(b)$ になる．

$T_C(O)=O$，$T_C(\infty)=\infty$ であるから，$T_C(j)$ は $O*\infty$ 上の点である．

$T_C(a), T_C(b)$ はそれぞれ $CA*\infty, CB*\infty$ に関する $T_C(j)$ の鏡像であるから，線分 $T_C(a)T_C(b)$ の垂直 2 等分線の端点の一つは $CA+CB$ である（基準点 j は $O*\infty$ 上のどの点でも和の値に影響しないことを思い出そう）．一方，$(A+B)*\infty$ は線分 ab の垂直 2 等分線であるので，T_C が合同変換であることによって，$T_C((A+B)*\infty) = C\cdot(A+B)*\infty$ は線分 $T_C(ab) = T_C(a)T_C(b)$ の垂直 2 等分線である．したがって $C\cdot A + C\cdot B = C\cdot(A+B)$ である．

以上によって次が証明された：

定理9.5 双曲平面 $\mathcal{H}$ から抽出された構造 $(F_{\mathcal{H}}, +, -, \cdot, O, I)$ は順序体を成す．これを $\mathcal{H}$ に**付随する順序体**と言う．あるいは，簡潔に $\mathcal{H}$ の**座標体**とも言う．

以上がヒルベルト[8]の付録Ⅲ「ボーヤイ=ロバチェフスキの幾何学の新しい基礎付け」の全貌である．そして次章に述べるような展開は後進の研究にゆだねられたのであった．

第10章 双曲幾何の基本定理

10.1 上半平面モデルに付随する順序体

F をユークリッド的順序体とすると $F(i)$ の上半平面 $H^+(F)$ を台として構成された構造 $\mathscr{H}_2^+(F)=(H^+(F), \mathrm{B}_{H^+}, \mathrm{D}_{H^+})$ が双曲幾何 $\mathbb{H}_0$ のモデルになることを第9章で証明した．この双曲平面 $\mathscr{H}_2^+(F)$ に付随する順序体（有限端点のなす体）が F と同型であることは自明ではない（ユークリッド幾何の場合は定理8.3で述べたことである）．$\mathscr{H}_2^+(F)$ で定義される端点の演算が，F がもともと備えている演算と一致することは当然ではないからである．

定理10.1 F をユークリッド的順序体とする．このとき上半平面モデル $\mathscr{H}_2^+(F)$ に付随する順序体（座標体）は F に同型である．

証明 $\mathscr{H}_2^+(F)$ の端点（限界平行線の同値類）のなす集合を F_1^* とする．半直線 $\overrightarrow{i\ 2i}$ の属する端点を ∞（無限端点）とし，F_1^* から ∞ を取り去った有限端点の集合を F_1 とする．

$a\in F$ のとき $\overrightarrow{a+2i\ a+i}$ の属する端点Aに a を対応させる写像を $\varphi: F_1\to F$ とする．$\mathscr{H}_2^+(F)$ における「直線」の定義によって，φ が全単射であることは明らかなので，順序，および加法・乗法の演算が保たれることを示せばよい．F_1 の元の符号の決め方には恣意性があるから，$\mathrm{A}>0 \Leftrightarrow \varphi(\mathrm{A})>0$ としておく．

$\mathrm{A}\in F_1$ のとき，Aと ∞ を結ぶ直線 $\mathrm{A}*\infty$ に関する鏡映を S_{A} と記す．この鏡映は $\mathscr{H}_2^+(F)$ の場合，ユークリッド幾何のときと同じで，$\varphi(\mathrm{A})=a$ とすると，

$$S_{\mathrm{A}}(z)=-\bar{z}+2a$$

と表せる．これを使って計算すると

$$S_{\mathrm{A}}(i)=2a+i,\qquad S_{\mathrm{B}}(i)=2b+i$$

を得る．ここに $\varphi(\mathrm{B})=b$ である．$2a+i$ と $2b+i$ の垂直 2 等分線の従座標軸(実軸)との交点は $a+b$ だから，A+B の定義によって $\varphi(\mathrm{A}+\mathrm{B})=a+b=\varphi(\mathrm{A})+\varphi(\mathrm{B})$ である．

次に $\varphi(\mathrm{A}\cdot\mathrm{B})=\varphi(\mathrm{A})\varphi(\mathrm{B})$ を示す．$\mathrm{A},\mathrm{B}\in F_1$ (ただし，$\mathrm{A},\mathrm{B}>0$) とする．「直線」$\mathrm{A}*(-\mathrm{A})$ と主座標軸(虚軸) $0*\infty$ との交点は ai である．線分 $i\ ai$ と $i\ bi$ の双曲幾何としての線分和は線分 $i\ abi$ である．なぜなら主座標軸を主座標軸に移す合同変換で i を ai に移す変換 $w=az$ によって bi は abi にうつるからである．これにより「直線」$\mathrm{A}\cdot\mathrm{B}*-(\mathrm{A}\cdot\mathrm{B})$ は従座標軸と ab で交わる．よって $\varphi(\mathrm{A}\cdot\mathrm{B})=ab=\varphi(\mathrm{A})\varphi(\mathrm{B})$ である．

さらに $\mathrm{A}<\mathrm{B}$ は $\mathrm{B}+(-\mathrm{A})>0$ で定義されているので，φ は順序も保存する． □

10.2 双曲幾何の基本定理

双曲平面(双曲幾何 $\mathbb{H}_0$ のモデル)が同型となる条件はそれに付随する順序体が同型であることであるという命題を本書では「双曲幾何の基本定理」と名付けているのだが，これを証明するには少し準備が必要である．すなわち，双曲平面の合同変換の成す群の特徴付けを必要とする．たとえば，前章で，全端点の集合の置換 $T_{\mathrm{C}}(\mathrm{X})=\mathrm{CX}$ が合同変換を誘導することを先取りしたが，こればかりではなく，すべての合同変換を決定したいのである．結論を先に言えば，本節では，次の定理の証明を与える：

定理10.2　双曲幾何の基本定理

(1) 二つの双曲平面が同型であるための条件は付随する順序体が同型であることである．

(2) 双曲平面 $\mathscr{H}$ に付随する順序体を F とすると，$\mathscr{H}$ は F 上の上半平面モデル $\mathscr{H}_2^+(F)$ に同型である．

(2)は(1)と定理 10.1 から直ちにわかるので，(1)の証明を目指す．

双曲平面 $\mathscr{H}_1$ の座標体 F_1 と双曲平面 $\mathscr{H}_2$ の座標体 F_2 が順序同型であるとし，その同型写像を $\varphi: F_1\to F_2$ とする．簡略のため $\varphi(\mathrm{A})=\mathrm{A}'$ と書こう．それぞれの無限端点 ∞_1,∞_2 については $\varphi(\infty_1)=\infty_2$ と定義する．

φ から同型写像 $\Phi : \mathscr{H}_1 \to \mathscr{H}_2$ を構成する．直線は2端点によって定まるから $\Phi(A*B) = A'*B'$ と定義するのは当然である．

ただし，2直線が交わるとき，それらの像も交わることを示しておかねばならない．

補題10.1 双曲平面において，直線 $A*(-A)$ と直線 $B*\infty$ が交わるためには $|B| < |A|$ が必要十分である．

証明 簡便のため，$A > 0$, $B > 0$ として証明する．$A*(-A), B*(-B)$ と $O*\infty$ との交点をそれぞれ a, b とする(図10.1参照)．

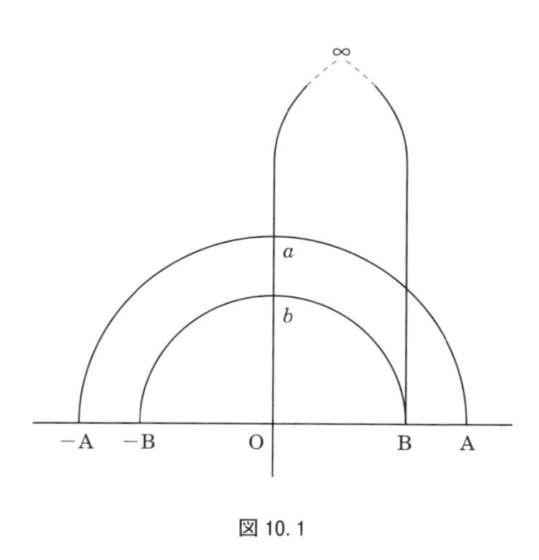

図 10.1

$$B < A \Longleftrightarrow B_1(O, b, a)$$

が $<$ の定義からわかる(B_1 は B_{F_1} の略記．また端点に対して間の関係は定義していないが，意味は明瞭だろう)．

したがって $B < A$ とすると，極限三角形 $Bb\infty$ において直線 $A*(-A)$ は底辺 $b*\infty$ に交わるが，底辺 $B*b$ とは交わらないので，パッシュの命題の類似によって $B*\infty$ と交わる．

逆に直線 $A*(-A)$ と直線 $B*\infty$ が交わっているならば，∞ と B は直線 $A*(-A)$ に関して反対側にあることになり，$B < A$ が得られる． □

φ は順序同型なので，

$$|\mathrm{B}| < |\mathrm{A}| \Longleftrightarrow |\mathrm{B}'| < |\mathrm{A}'|$$

が成り立つ．したがって $a \in \mathcal{H}_1$ に対して，たしかに $a' = \Phi(a)$ が定義できる．

さて，ここで定理の証明に必要で，それ自身も重要な次の定理を述べておく（証明は本章の補遺で与える）：

定理10.3 双曲平面 $\mathcal{H}$ の合同変換のなす群を $G(\mathcal{H})$ とし，付随する順序体を $F = F_{\mathcal{H}}$ とすると，群の同型

$$G(\mathcal{H}) \simeq \mathrm{PGL}_2(F)$$

が成り立つ．ここに，$\mathrm{PGL}_2(F)$ は $F^* = F \cup \{\infty\}$ の 1 次分数変換のなす群である．この同型は $\mathcal{H}$ の合同変換が引き起こす F^* の変換から誘導される．

$\varphi : F_1{}^* \to F_2{}^*$ は環の同型写像なので，$s \in \mathrm{PGL}_2(F_1{}^*)$ に対して $s' = \varphi \circ s \circ \varphi^{-1}$ と置けば，$s' \in \mathrm{PGL}_2(F_2{}^*)$ がわかる（したがって，下の図式が可換となる）．

$$\begin{array}{ccc} F_1^* & \xrightarrow{\varphi} & F_2^* \\ {\scriptstyle s}\downarrow & & \downarrow{\scriptstyle s'} \\ F_1^* & \xrightarrow{\varphi} & F_2^* \end{array}$$

s' の定義から，$\mathrm{A} \in F^*$ に対して $s'(\mathrm{A}') = \varphi(s(\mathrm{A}))$ が成り立つ．定理 10.3 によって s' から定まる $G(\mathcal{H}_2)$ の元を S' とする．端点を結ぶ直線の交点を使って定義する Φ の定め方から，下の図式の可換性がわかる．すなわち

$$S'(a') = \Phi(S(a)) \tag{10.1}$$

が成り立つ：

$$\begin{array}{ccc} \mathcal{H}_1 & \xrightarrow{\Phi} & \mathcal{H}_2 \\ {\scriptstyle S}\downarrow & & \downarrow{\scriptstyle S'} \\ \mathcal{H}_1 & \xrightarrow{\Phi} & \mathcal{H}_2 \end{array}$$

(10.1)が欲しい関係式であった．これを使って Φ が合同の関係を保つことを証明しよう．

$\equiv_1$ と $\equiv_2$ をそれぞれ $\mathcal{H}_1, \mathcal{H}_2$ の合同の関係とする．$ab \equiv_1 cd$ とは $S(a)S(b) = cd$ を満たす $S \in G(\mathcal{H}_1)$ が存在することであった．この両辺に Φ を施すと，(10.1)によって $S'(a')S'(b') = c'd'$，したがって $a'b' \equiv_2 c'd'$ を得る．

今，$\mathrm{A} * (-\mathrm{A})$ と $\mathrm{B} * \infty$ の交点 p が直線 $\mathrm{U} * \mathrm{V}$ 上にあるとすると，補遺の補題 10.4 の方程式が満たされる．その両辺に同型写像 φ を施せば

$$U'V' - B'(U' + V') + A'^2 = 0$$

が成り立つ．ここに $U' = \varphi(U)$ 等である．Φ の定義によって，点 $p' = \Phi(p)$ は直線 $u' * v'$ の上にあることになる．これで Φ が結合の関係を保存することが証明された．

間の関係は端点の順序によって表すことができるが，φ は順序を保つ写像であるので，Φ が間の関係を保つこともわかる．

以上によって，定理 10.2 の証明が終わった．

注　双曲幾何の基本定理（定理 10.2）の証明はここで述べたのとは異なった方法で W. Szmielew や W. Schabhäuser によって証明されているらしいが，私は未見である（Tarski[29] には彼らの文献が記載されているが，証明は収められていない）．上で述べたようなヒルベルトの端点算術の方法を発展させて証明する方法はハーツホーン[37]（命題 43.1）以外には寡聞にして知らない（Greenberg[42] にはそれが要約の形で紹介されているだけである）．ハーツホーンの証明は（端点のなす順序体 F に値を持つ）乗法的距離関数を定義して，これを応用しているが，この距離関数は，線分を主軸上に合同変換して，それを F の元で測るという方法を基礎にしている．しかし，それだと互いに合同な線分が（先の証明で言えば Φ によって）互いに合同な線分に写像されることを先に証明しておかなければ循環論法になるはずである．ここが，つまり Φ が合同関係を保持することが証明の要なのである．

しかしながら，証明の核である定理 10.3 はハーツホーンでは，本質的には，命題 41.5 および演習問題 41.10 として与えられている．したがって上に述べたギャップは重大なミスではあるが，不注意に起因するものであって，気付きさえすれば，ハーツホーンには簡単に埋めることができただろう．

10.3 基本定理に関するコメント

1. 双曲幾何を主題とした本は，洋書も含めれば数多（あまた）ある．それらには必ず古典的な三つのモデルについて書かれており，これらが同型であることも示されている．しかしながら，ほかのどんなモデルであっても同型であることが書かれている本は，私が見た範囲では，ハーツホーン[37] を除けば，パガレロフ[24] だけである．ただし [24] は古典的な実数体上の場合，すなわち実双曲平面を扱っていて，証明も代数的なものではなく，解析的手段に訴えている．正確に言えば，2階絶対幾何のモデル(実ヒルベルト平面)において，直線の満たす微分方程式の解はユークリッド的か双曲的かの，どちらかであることが証明されている．

2. 古典的なモデルの場合は複比を用いて距離が定義されているので，互いの同型性を証明するのはそう難事ではないが，一般的に与えられた双曲平面の場合は，距離関数が明示できるわけではない．それにもかかわらず，同型性が示されるということには一種の不思議さを感じる．限界平行線の存在から豊饒な結果が準備されているおかげなのであろう．

3. 双曲幾何を取り上げるからには，たとえ実数体上の場合に限定するとしても，そのモデルはすべて互いに同型であることを，証明しないまでも，せめて言及すべきではなかろうか？ 実古典幾何の場合は，モデルの一意性(いわゆる範疇性)の主張があって初めて，「公理系から証明するより簡単である」と主張できるのだと思う．

10.4 補遺　双曲平面の合同変換群

本節では，見た目だけの問題だが，見慣れた形にするために，F の元(端点)をアルファベットの小文字で表すことにする．

$F^* = F \cup \{\infty\}$ の **1次分数変換**とは $ad-bc \neq 0$ なる F の元 a, b, c, d を使って

$$\varphi(x) = \frac{ax+b}{cx+d}$$

と表される写像 $\varphi : F^* \to F^*$ のことである．ここで，$ac \neq 0$ のときは，

$$\frac{a\cdot\infty+b}{c\cdot\infty+d} = \frac{a}{c}$$

また $a=0$ のときは，$a\cdot\infty = 0$ 等と解釈する．より厳密に論じるなら，斉次座標を使って，$x \in F$ に $[x,1]$ を，また ∞ に $[1,0]$ を対応させることによって，F^* を射影直線 $\mathbb{P}^1(F)$ と同一視し，

$$\varphi([x,y]) = [ax+by,\ cx+dy]$$

と表される写像 $\varphi : \mathbb{P}^1(F) \to \mathbb{P}^1(F)$ のことであると言えばよい．

$G(\mathscr{H})$ を双曲平面 $\mathscr{H}$ の合同変換群とし，$F^* = F \cup \infty$ を $\mathscr{H}$ のすべての端点の成す集合とする．$T \in G(\mathscr{H})$ のとき，半直線 α, β が $\alpha|||\beta$ ならば，$T(\alpha)|||T(\beta)$ であるから，

$$T^*(\alpha^*) = (T(\alpha))^*$$

と定義することができる．ここに，α^* は α の属する端点を表す．このとき次が成り立つ：

定理10.4 $T \in G(\mathscr{H})$ に F^* の変換 T^* を対応させる写像 Ψ は $G(\mathscr{H})$ から F^* の1次分数変換群(射影変換群) $PGL_2(F)$ の上への同型写像である．

まず Ψ が準同型写像であることを確認する．半直線 α の属する端点を α^* と記すと

$$\begin{aligned}(TS)^*(\alpha^*) &= (TS(\alpha))^* = (T(S(\alpha))^* = T^*(S(\alpha)^*) \\ &= T^*(S^*(\alpha^*)) = T^*S^*(\alpha^*)\end{aligned}$$

すなわち $(TS)^* = T^*S^*$ となり，Ψ は準同型写像である．

次の補題が定理10.4の証明の本質部分である：

補題10.2

(1) 直線 $0 * \infty$ に関する鏡映 S_0 は F^* の変換 $x' = -x$ を引き起こす．

(2) 直線 $1 * (-1)$ に関する鏡映 T_1 は F^* の変換 $x' = \dfrac{1}{x}$ を引き起こす．

(3) 直線 $0 * \infty$ に沿う並進(translation)と呼ばれる変換 $T_a T_1$ $(a > 0)$ は F^* の変換 $x' = ax$ を引き起こす．

(4) ∞ を中心とする回転と呼ばれる変換 $S_{a/2}S_0$ は F^* の変換 $x' = x+a$ を引き起こす．

(5) j を $0 * \infty$ と $1 * (-1)$ の交点とする．点 j に関する対称変換 T_1S_0 は F^* の変換 $x' = -\dfrac{1}{x}$ を引き起こす．

証明 以下で，上半平面モデルにおける説明も同時に行うが，これは理解の助けと，後で利用する都合上であって，証明はモデルには無関係である．

(1) $S_0(x) = x'$ と書くことにすると，負の端点の定義によって，$x' = -x$ である．上半平面モデルでは $z' = -\bar{z}$ である．

(2) $T_1(x) = x'$ と書くと，端点の乗法の定義によって $x' = \dfrac{1}{x}$ である．上半平面モデルでは $z' = \dfrac{1}{\bar{z}}$ である．

(3) $x' = T_a T_1(x) = T_a\left(\frac{1}{x}\right) = \frac{a}{\frac{1}{x}} = ax$ である．上半平面モデルでは $z' = T_a T_1(z) = T_a\left(\frac{1}{\overline{z}}\right) = \frac{a}{\overline{\left(\frac{1}{\overline{z}}\right)}} = az$ である．

(4) $a+a=2a$ の定義を振り返ってみると，$S_a(0)=2a$ を知る．したがって $S_b(0)=2b$ でもある．O を $0*\infty$ 上の点とする．$S_a(\mathrm{O})$（その端点は $2a$）と $S_b(\mathrm{O})$（その端点は $2b$）の垂直 2 等分線の端点が $a+b$ なので，$S_{a+b}(2a)=2b$ がわかる．$c=a+b$, $x=2a$ と置き換えれば，$S_c(x)=2c-x$ である．したがって

$$S_{a/2}S_0(x) = S_{a/2}(-x) = a+x$$

となる．上半平面モデルの場合は，

$$S_{a/2}S_0(z) = S_{a/2}(-\overline{z}) = a-\overline{-\overline{z}} = a+z$$

である．

(5) T_1S_0 は j を通る二つの鏡映の積なので，たしかに j の回りの回転だが，$0*\infty$ 上の点の行き先を考えると j に関する対称変換（$2\angle R$ の回転）であることがわかる． □

補題10.3 $G(\mathscr{H})$ は $S_0, T_1, T_aT_1, S_{a/2}S_0$ によって生成される．

証明 合同変換は鏡映によって生成されるから，すべての鏡映が上の四つの変換の合成によって得られることを示せばよい．

直線には二つのタイプがある：

タイプ 1 $a*\infty$
タイプ 2 $a*b$

タイプ 1 の場合は，$\varphi_a = S_{a/2}S_0$ と置けば，φ_a によって直線 $0*\infty$ は $a*\infty$ に移るので，$\varphi_a S_0 \varphi_{-a}$ は $a*\infty$ に関する鏡映である．

タイプ 2 の場合だが，$\psi_a = T_aT_1$ と置けば，直線 $1*(-1)$ は ψ_a によって $a*(-a)$ に移るので，$\psi_a T_1 \psi_{1/a}$ は $a*(-a)$ に関する鏡映である．$\frac{a-b}{2}*\frac{b-a}{2}$ は $\varphi_{(a+b)/2}$ によって $a*b$ に移るので，これらの合成によって $a*b$ に関する鏡映が得られることになる． □

1次分数変換群 $\mathrm{PGL}_2(F)$ が

$$-x,\ \frac{1}{x},\ ax,\ x+a$$

の合成によって表されることは簡単に示される周知の事実である．したがって上記の二つの補題によって Ψ が $G(\mathcal{H})$ から $\mathrm{PGL}_2(F)$ への全射であることが示されたことになる．

最後に，単射性を示そう．半直線 α の属する端点を α^* と記す．$T^*(\alpha^*)=\alpha^*$ は $T(\alpha)|||\alpha$ ということである．すなわち T は端点を不動に保つが，直線は二つの端点で定まるので，これは T によって直線は(全体として)不変であるということを意味する．点は二つの直線の交点として定まるので，二つの直線が不変なら，結合関係が保たれることを考慮すれば，それらの交点も不動である．すなわち T は恒等変換である．

以上によって，定理 10.4 の証明が終わった．

補題10.4 $a, b\ (\in F)$ は $|b|<|a|$ を満たすとし，$a*(-a)$ と $b*\infty$ の交点を P とする．直線 $u*v$ が P を通るための必要十分条件は

$$uv-b(u+v)+a^2=0$$

が満たされることである．ただし，$v=\infty$ の場合は，両辺を v で割って，$c\in F$ に対して $\dfrac{c}{\infty}=0$ と解釈することによって，$b*\infty$ も上の方程式を満たしていると考える．

証明 補題 10.2(5)により，点 j に関する対称変換には F^* の1次分数変換 $x'=-\dfrac{1}{x}$ が対応する．すなわち $u*v$ が j を通る条件はこの変換で不変となること，つまり $uv+1=0$ である．

j を任意に与えられた点に移すには，まず $0*\infty$ に沿って並進し，次に ∞ を中心とする回転を行えばよい．補題 10.2(3)を使えば，$0*\infty$ に沿う並進は $x'=cx$ を与えるので，方程式は $uv+c^2=0$ となる．同様にして，∞ を中心とする回転は $x'=x+b$ を与えるので，方程式は $(u-b)(v-b)+c^2=0$，すなわち

$$uv-b(u+v)+b^2+c^2=0$$

を得る．ここで $b^2+c^2=a^2$ を満たす $a>0$ を取れば結論が得られる．□

第11章

ボーヤイ=ロバチェフスキの公式の謎

11.1 完全性定理の適用

前章の結果，いかなる双曲平面も上半平面モデルに同型であることが証明されたので，完全性定理を適用すれば次が証明されたことにもなる：

定理11.1 言語 $\{B, D\}$ で表された1階の文 φ が一つの双曲平面で(付随する順序体の特殊性に依存することなく)証明されれば，φ は双曲幾何の公理系 $\mathbb{H}_0$ から形式的に演繹できる．

定理11.2 初等絶対幾何 $\mathbb{A}_0$ にアリストテレスの公理 At を加えた理論において，命題 φ が証明されるためには，一つのデカルト平面と一つの双曲平面において(付随する順序体の特殊性に依存することなく)証明されることが必要十分である．

どのような命題に対して定理11.1や定理11.2が適用できるかについては，ここでは後で使う次の命題を例示するにとどめる．証明は補遺で与えることにする：

命題11.1 $\mathbb{H}_0$ において相異なる2直線 α, β が $\alpha ||| \beta$ であれば，$\gamma \perp \alpha$ かつ $\gamma ||| \beta$ を満たす直線 γ が存在する．

11.2 2階の幾何学

これまで連続性については円円交叉公理 CC しか認めてこなかった．これをさらに強い性質に取り替えることを考えよう．一番強いのはいわゆる解析的連続性を認めることである．これまでにも述べてきたことだが，本格的に研究するこの機会に改めて定義を与えよう：

D　解析的連続性公理

言語を $\{B, D, \in\}$ と拡張する．次の命題を解析的連続性公理と呼び，D と表す：

$$\forall X \forall Y [\exists a \forall x \forall y (x \in X \land y \in Y \to \mathrm{B}(a,x,y)) \to \exists b \forall x \forall y (x \in X \land y \in Y \to \mathrm{B}(x,b,y) \lor x = b \lor y = b]$$

直線に対してデデキントの切断公理が成り立つことを保証するのが D の内容である．

見ればわかるように公理 D は 2 種類の変数が使い分けられていて，いわゆる 2 階の述語論理で書かれている．初等絶対幾何 $\mathbb{A}_0$ において，CC の代わりに D を組み入れて，われわれが広い意味でユークリッド幾何と呼んでいる理論が出来上がる：

定義11.1　2 階幾何

1. 初等ユークリッド幾何 $\mathbb{E}_0$ の CC に代えて D を加えて得られる理論 $\mathbb{E}_2$（印象的に述べれば，A+B+C+D+E）を **2 階ユークリッド幾何**，あるいは実ユークリッド幾何と称する．2 階ユークリッド幾何のモデルを**実ユークリッド平面**と呼ぶ．
2. 初等双曲幾何 $\mathbb{H}_0$ の CC に代えて D を加えて得られる理論 $\mathbb{H}_2$（すなわち，A+B+C+D+H）を **2 階双曲幾何**，あるいは実双曲幾何と称する．2 階双曲幾何のモデルを**実双曲平面**と呼ぶ．

2 階幾何についてはいわゆる「範疇性」が成り立つ：

定理11.3　2 階幾何の範疇性

(1) 実ユークリッド平面はすべて実デカルト平面 $\mathscr{C}_2(\mathbb{R})$ に同型である．

(2) 実双曲平面はすべて実上半平面モデル $\mathscr{H}_2^+(\mathbb{R})$ に同型である．

証明　2 階幾何のモデルに付随する順序体を F として，F も解析的連続性を有することを示せば，良く知られた実数体の範疇性（デデキントの定理）によって F は $\mathbb{R}$ に同型である．

(1) $\mathbb{E}_2$ のモデルにおける直線に F と同型な構造を与えることができる．この直線に D を適用すれば，F は解析的連続性を備えた順序体であること，したがって $\mathbb{R}$ と同型であることがわかる．

(2) 双曲平面の場合は，体 F と同型な直線が平面内に自然に存在するわけではないところがユークリッド平面の場合と異なる．

上半平面モデル $\mathscr{H}_2^+(F)$ で考えればよい．$\mathscr{H}_2^+(F)$ において D の仮定部分が成り立っているとする．すなわち，$X, Y \subset F$（実軸）とし，小文字は F の要素を表すとして

$$\exists a \forall x \forall y (x \in X \land y \in Y \to a < x < y)$$

を仮定する．この仮定は X が有界であることを意味する．したがって Y も有界であると仮定しても一般性を失わない．そこで $a, -a$ が $X \cup Y$ の上界，下界であるとする．中心 $(0,0)$，半径 a の上半円を Γ とする．「直線」Γ においては D が成り立つから，実軸に射影すれば実軸 F も解析的連続性を持つことがわかる．

□

11.3 2階幾何の決定不能性

2階述語論理に対しては，1階の場合と異なって，完全性定理が成り立つような演繹的体系は存在しない（これは不完全性定理を使って簡単に証明できる事柄である）．そこで，ここでは，たとえば $\mathbb{E}_2$ に対して

$$\mathrm{Th}(\mathbb{E}_2) = \{\varphi \mid \mathbb{E}_2 \models \varphi\} = \{\varphi \mid \mathscr{C}_2(\mathbb{R}) \models \varphi\}$$

と定義する．第2の等号は定理 11.3 によって保証される．

定理11.4 $\mathrm{Th}(\mathbb{E}_2)$ と $\mathrm{Th}(\mathbb{H}_2)$ はどちらも決定可能ではない[1)]．

証明 $\mathbb{N}$ を自然数の体系とすると，$\mathrm{Th}(\mathbb{N})$ はゲーデルの不完全性定理によって決定可能ではない．したがって，$\mathbb{E}_2$ の場合で言えば，$\{x \in \mathbb{R}^2 \mid \Psi(x)\}$ が $\mathbb{N}$ と同型であるばかりではなく，加法・乗法の演算が言語 (B, D) の論理式で表現できるような論理式 Ψ の存在を示せば，$\mathrm{Th}(\mathbb{E}_2)$ も決定可能ではないことになる[2)]．

Case 1. ユークリッド幾何 $\mathbb{E}_2$ の場合

三つの定数記号 o, e, e' を言語に追加する．したがって言語は $\{\mathrm{B}, \mathrm{D}, o, e, e'\}$ である（$\in$ は，集合の要素を表すと前提されているので，省略する）．そして構造

$$\mathscr{E} = (\mathbb{R}^2, \mathrm{B}_{\mathscr{E}}, \mathrm{D}_{\mathscr{E}}, o_{\mathscr{E}}, e_{\mathscr{E}}, e'_{\mathscr{E}})$$

を考える．ここに $o_{\mathscr{E}}, e_{\mathscr{E}}, e'_{\mathscr{E}}$ は o, e, e' の解釈で，たとえば $o_{\mathscr{E}} = (0, 0)$，$e_{\mathscr{E}} = (1, 0)$，$e'_{\mathscr{E}} = (0, 1)$ とでも決めておくと理解し易い．また $\mathrm{B}_{\mathscr{E}}, \mathrm{D}_{\mathscr{E}}$ は $\mathscr{C}_2(\mathbb{R})$ の場合と同じである．このとき $\mathscr{E}$ も $\mathbb{E}_2$ のモデルである．そこで $\mathrm{B}^*(x)$ を $\mathrm{B}(o, e, x) \vee x = o \vee x = e$ の略記として

$$K = \{x \in \mathbb{R}^2 \,|\, \mathrm{B}^*_{\mathscr{E}}(x)\}$$

と置く．$0 = o_{\mathscr{E}}$ を加法単位元，$1 = e_{\mathscr{E}}$ を乗法単位元，$e'_{\mathscr{E}}$ は乗法の定義のために便宜的に取られた点として，K がユークリッド的順序体の非負部分をなすことは既に示したとおりである．加法や乗法が言語 $(\mathrm{B}, \mathrm{D}, o, e, e')$ の論理式で定義されることも注意しておく．

次に

$$\alpha(x, y, z) = \mathrm{B}^*(x) \wedge \mathrm{B}^*(y) \wedge x + y = z$$
$$\beta(x, y, z) = \mathrm{B}^*(x) \wedge \mathrm{B}^*(y) \wedge x \cdot y = z$$
$$\gamma(x) = \forall X \subset K[o \in X \wedge \forall z(z \in X \to z + e \in X) \to x \in X]$$

と置く．（ここで $\forall X \subset K[\cdots]$ は $\forall X[\forall x(x \in X \to \mathrm{B}^*(x)) \to \cdots]$ の略記である）．このとき $x \in \mathbb{R}^2$ が「自然数である」ことを $\mathbb{R}^2$ で $\gamma(x)$ が成り立つこととして定義できる．ゆえに，$\mathrm{Th}(\mathbb{E}_2)$ は決定可能ではない．

Case 2. 双曲幾何 $\mathbb{H}_2$ の場合

ユークリッド幾何の場合と違って，モデルの中に自然な形で数直線が存在するわけではないので，少し工夫を要する．上半平面モデル $\mathscr{H}_2^+(\mathbb{R})$ で原理を説明しよう．従座標軸（有限端点の集合）における加法・乗法を半円を描いて主座標軸 $0 * \infty$ にコピーすればよい．従座標軸はモデルの中に属していないので，端点という言葉を限界平行という言葉で置き換えて演算を定義することになる．正確には，以下のように運ぶ．

まず 2 点 o, e を取って，基準の主座標軸 $\ell = \overleftrightarrow{oe}$ を定める．ℓ 上の点 a で垂線を立てる．これと限界平行で，$\overrightarrow{oe}$ とも限界平行である直線を α とす

1) たとえば $\mathrm{Th}(\mathbb{E}_2)$ が決定可能(decidable)とは，すべての命題 φ に対して，$\varphi \in \mathrm{Th}(\mathbb{E}_2)$ かどうかを決定するアルゴリズムが存在することを言う．

2) たとえば，菊池[48]，p. 276 参照．

る．点 o の直線 α に関する鏡像を a' とする．ℓ のもう1点 b に対しても同様の操作を行って得られる像を b' とする．線分 $a'b'$ の垂直2等分線 m は3鏡映定理(定理9.4)によって，ℓ と限界平行である．m と限界平行なる直線で ℓ と直交する直線が存在する(命題11.1による)．その交点 c を $a+b$ と定義する．

端点の乗法は主座標軸における線分算の加法で定義されているので簡単である．すなわち，$oa+ob$ (この和は，双曲幾何における線分算の和を表す)によって定まる $\overleftrightarrow{oe}$ 上の点を c として，$c=a \cdot b$ と定義すればよい．

以上の操作が言語 $\{\mathrm{B}, \mathrm{D}\}$ の論理式で表現できることは明らかである．さらにまた端点を導入して得られる順序体(今の場合 $\mathbb{R}$)の正部分と，ここで ℓ に入れられた構造とが同型であることは定義から明らかである．

このままでは ℓ は加法単位元を含まないので，$\ell^* = \{x \in \ell \mid x \geqq 1\}$ が $\mathbb{R}$ の非負部分と同型になるように ℓ^* に演算を定義しなおす．この後は，$\mathbb{E}_2$ の場合と同じである． □

11.4 ボーヤイ=ロバチェフスキの公式

以上で，ヒルベルトによって創始されたユークリッド幾何と双曲幾何の基礎付け，ならびに理論とモデルの関係の研究は終わった．本書では，いわゆる数学的な，というか幾何学的な問題については理論の展開上必要なものしか扱ってこなかったので，一つの代表的な命題として，ボーヤイ=ロバチェフスキの公式(公式BLと略記する)を取り上げることにしよう．BLは双曲幾何の三角法の基礎となる重要な定理である．グリーンバーグはBLのことを「これは確かに全数学の中で最も注目すべき公式の一つであるにもかかわらず，ほとんどの数学者がこれを知らないというのは驚くべき事実である」と書いている([42])．というわけで，まずはBLを双曲幾何の標準的な教科書風に紹介するのが妥当であろう．

双曲平面 $\mathscr{H}$ において実数値の距離関数 d が定義されているとする．図11.1(次ページ)において直線 ℓ と半直線 $\overrightarrow{\mathrm{AX}}$ は限界平行であるとする．$\angle\mathrm{BAX}$ が直線 ℓ や点Aの位置に依存せず，AとBの間の距離(「長さ」)d のみによって決まることは合同変換を使って容易に示せることである．この角のことを線分ABの**平行角**と呼び，ロバチェフスキに従って $\Pi(d)$ と記す習慣である．このとき次の目覚ましい定理が成り立つ：

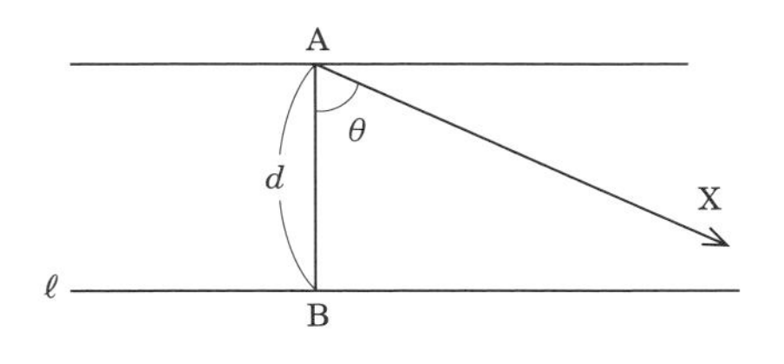

図 11.1

定理BL　ボーヤイ=ロバチェフスキの公式

$d = d(\mathrm{A}, \mathrm{B})$ とするとき

$$\tan \frac{\Pi(d)}{2} = e^{-d/k}$$

が成り立つ．ここに，k は d に依らない定数である．

たしかに美しく，かつ神秘的な公式であり，双曲平面の三角法の基礎になるという意味で重要でもあるが，私にとっては非ユークリッド幾何の勉強を始めた当初から，何か不審な気持ちを抱かせる公式でもあった．

1. どうして指数関数が登場するんだろう？　ボーヤイやロバチェフスキは公理系から導いたとされているが，公理系に指数関数が出てくる要素は何もなさそうなのに．
2. この k とは一体何なのか？　ボーヤイの父親ファルカスもこの不定の定数があるので結果が信じられなかったというが，公理系からは定まらない定数が出てくる不確定の要素があるのか？
3. 双曲幾何では相似形が存在しないのに，この tan はどういう意味なのだろう？　ユークリッド的な意味なのなら，双曲平面 $\mathscr{H}$ の「距離」d との混在は何を意味するのか？　BL を双曲幾何の言葉だけで表現することはできないのか？

等々と疑問が尽きなかったのだが，双曲幾何の本質が理解できるようになるとこれらの疑問は自然に氷解していったので，以下に紹介してみたい．その前に，とりあえず，この公式が双曲幾何の教科書ではどのように証明されているかを調べてみよう．

$\mathbb{R}$ 上の上半平面モデル $\mathscr{H}_2^+(\mathbb{R})$ で考える．O を原点として，主座標軸 $\mathrm{O} * \infty$

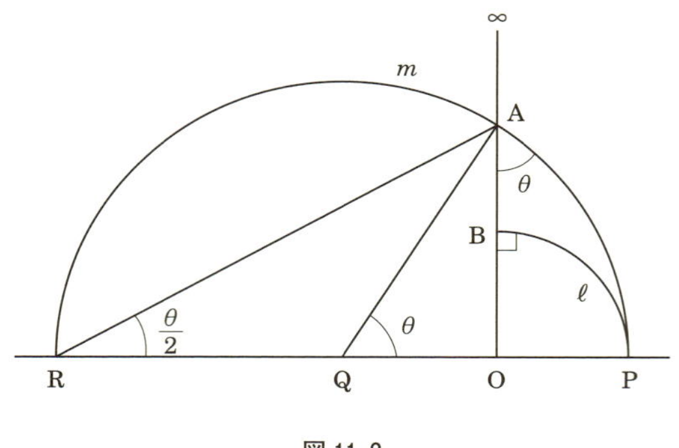

図 11.2

上に2点 $\mathrm{A}=ai$, $\mathrm{B}=bi$ $(a>b)$ を取り，Bにおいて主座標軸と直交する「直線」ℓ を描き，従座標軸との交点をPとする．Pの従座標は b である．AとPを通る「直線」を m とする(図 11.2 参照)．

言い換えれば，「直線」m は「直線」ℓ と限界平行の関係にある．したがって，$\theta=\angle\mathrm{OAP}$ とすれば，$\theta=\Pi(d)$，ここに $d=d(\mathrm{A},\mathrm{B})$ である．このとき

$$\tan\frac{\theta}{2}=\frac{b}{a} \tag{11.1}$$

が成り立つ．なぜなら，m の中心をQ，m と従座標軸とのもう一つの交点をRとし，m の半径を r とすると，ℓ の半径は b だから，$\mathrm{AO}^2+\mathrm{OQ}^2=\mathrm{AQ}^2$ で，これから，$r^2=a^2+(r-b)^2$．よって $2rb=a^2+b^2$ を得る．ゆえに

$$\tan\frac{\theta}{2}=\frac{\mathrm{AO}}{\mathrm{OR}}=\frac{a}{2r-b}=\frac{b}{a}$$

だからである．

線分ABの $\mathscr{H}_2^+(\mathbb{R})$ における「長さ」の定義により k を任意正定数として，$d=k\log\dfrac{a}{b}$ なので，$\dfrac{a}{b}=e^{d/k}$．これと(11.1)から結果を得る．

ロバチェフスキの原論文[3)]を見ると，一般に任意の「長さ」c と自然数 n に対して

$$\left(\tan\frac{\Pi(c)}{2}\right)^n=\tan\frac{\Pi(nc)}{2}$$

の成り立つことが示されており，これから関数方程式的な考え方を使って，結論が得られている．これならたしかに特定のモデルに依存することなく証明を得ることができる．同時に，k が定まらない理由もよくわかる(公理系ではモデ

ルを想定していないから．モデルが定曲率の2次元リーマン多様体ならば曲率からkは特定される)．要するに，「ボーヤイやロバチェフスキは公理系からBLを証明した」というのは，正確に言えば，「彼らはモデルを特定せずに一般的な実双曲平面(2階双曲幾何$\mathbb{H}_2$のモデル)で研究していた」という意味だったことがわかる．

11.5 分析

1. $\mathscr{H}_2^+(\mathbb{R})$における線分ABの「長さ」の定義は次のように考えるのが一番手っ取り早い．与えられた線分ABを合同変換φによって主座標軸上に移し，$\varphi(\mathrm{A}) = ai$, $\varphi(\mathrm{B}) = bi$とする．$k > 0$を任意定数として，

$$d(\mathrm{A}, \mathrm{B}) = k \log \|a/b\|$$

と定義する．ここに

$$\|a/b\| = \begin{cases} \dfrac{a}{b} & (b \leqq a) \\[2ex] \dfrac{b}{a} & (a < b) \end{cases}$$

2. 上の定義で，logは加法性を得るためだけに使われているのだから，距離は乗法的でもよいと考えれば，logは使わなくて済む．このことは，単に使わなくて済むという以上に，一般の順序体上の双曲平面で考えるという目的のためにも重要である．

そこで，以下では一般的な双曲平面$\mathscr{H}$で考えることにし，$\mathscr{H}$に付随する順序体(座標体)をFとする．11.3節で述べたように$\mathscr{H}$の直線ℓを任意に選び，これに乗法群$F^{>0} = \{x \in F | x > 0\}$と同型な乗法構造を入れることができるので，記号を簡略にするために，直線ℓを$F^{>0}$と同一視し，主座標軸と呼ぶ．線分ABの乗法的「長さ」$\mu(\mathrm{AB})$を

$$\mu(\mathrm{AB}) = \|a/b\|$$

と定義する．ここに線分ABを主座標軸$F^{>0}$上に移す合同変換φによって$\varphi(\mathrm{A}) = a \in F^{>0}$, $\varphi(\mathrm{B}) = b \in F^{>0}$となるものとする．次の補題は$\mu$の定義と線分の和の定義から容易に証明できる：

補題11.1 μは$\mathscr{H}$の部分集合$F^{>0}$に値を持ち，次の性質を持つ：

3) ボーヤイの論文とともにBonola[13]に英訳が収められている．

1. $\mu(\mathrm{AB}) \geqq 1$; $\mu(\mathrm{AB}) = 1 \Longleftrightarrow \mathrm{A} = \mathrm{B}$
2. $\mu(\mathrm{AB}) = \mu(\mathrm{A'B'}) \Longleftrightarrow \mathrm{AB} \equiv \mathrm{A'B'}$
3. $\mu(\mathrm{AB}) < \mu(\mathrm{A'B'}) \Longleftrightarrow \mathrm{AB} < \mathrm{A'B'}$
4. $\mu(\mathrm{AB}+\mathrm{CD}) = \mu(\mathrm{AB})\cdot\mu(\mathrm{CD})$

このとき(11.1)は次の形になる：

$$\tan\frac{\Pi(\mathrm{AB})}{2} = \mu(\mathrm{AB})^{-1}. \tag{11.2}$$

3. 最後に tan を扱おう．$\tan\alpha$ を級数で定義すれば，相似の概念を持ち出さなくても済むが，代わりに実数列の収束・発散を持ち出すことになるので藪蛇である．

θ を $0 < \theta < \angle R$ なる角とする．これを図 11.3 のように配置する．θ の頂点を A とし，従座標軸との交点の座標を b とする．また A の主座標を a とする．その上で，ユークリッド平面における tan の定義を真似て，双曲幾何の「正接」Tan を

$$\mathrm{Tan}\,\theta = \frac{b}{a}$$

と定義する．「直線」$b*(-b)$ と主座標軸との交点を B とすると，その主座標は b である．$b < a$ に注意すると，$\dfrac{b}{a}$ は $\mu(\mathrm{AB})^{-1}$ に一致する．(11.2)によって

$$\mathrm{Tan}\,\theta = \mu(\mathrm{AB})^{-1} \tag{11.3}$$

である．$\mathrm{Tan}\,\theta$ は頂点 A の主軸上における位置に依存しないで定まることは，この等式からもわかる．

等式(11.3)が双曲幾何の中で捉えた BL であることは論を俟たない．ただし，

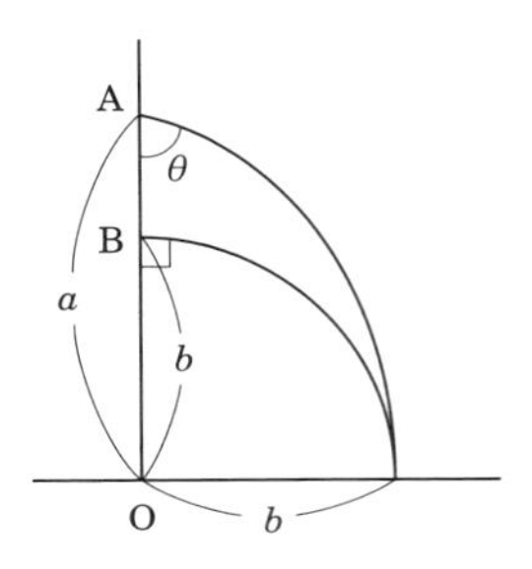

図 11.3

BLの古典的な形はデカルト座標平面で解釈されたとき $\mathrm{Tan}\,\theta = \tan\frac{\theta}{2}$ であることに意味があるのだろう．この等式の証明は最初に与えたBLのデカルト座標を使う証明で済んでいるが，$\mathrm{Tan}\,\theta$ が単調増加関数で $\mathrm{Tan}\,\angle R = 1$，さらには加法定理を満たすことから $\tan\frac{\theta}{2}$ に一致することを示すこともできる([37]，§41参照)．この際，証明が成り立つためには，F が $\mathbb{R}$ の部分体とみなせる必要がある．ということは F はアルキメデス的順序体でなければならない．

以上の考察において $\frac{a}{b}$ などは双曲幾何における線分の加法で説明される量なので完全性定理によって，モデルとは無関係な次の定理が証明されたことになる：

定理BL 初等双曲幾何 $\mathbb{H}_0$ において線分ABの長さ $\mu(\mathrm{AB})$ と角 θ に対する正接 $\mathrm{Tan}\,\theta$ を上のように定義するとき，等式(11.3)が成り立つ．

11.6 タルスキの1階幾何

たとえば，$\mathbb{H}_0$ と $\mathbb{H}_2$ があって，$\mathbb{H}_1$ が登場しなかったのだが，ここで $\mathbb{H}_1$ を登場させて，考察を完結させよう．結論を言えば，普通の幾何学，たとえば『原論』の全体を展開するには，解析的連続性は重すぎ，円円公理だけでは軽すぎるが，1階論理の範囲で代数的・幾何的な問題を扱う限り，実は解析的連続性を持ち出すまでもなく，1階論理で表現できる(本書では代数的連続性と名付ける)連続性の範囲ですべて済んでしまう．この重要な貢献はタルスキによって与えられた．

タルスキ(Alfred Tarski: 1901-1983)はポーランドの生んだ偉大な数理論理学者である．タルスキは1920年代から死の直前まで幾何学基礎論に関心を寄せていたそうだが，その仕事は弟子たちによって[29]に集大成されている．この分野におけるタルスキの第一の貢献は，ヒルベルト[8]ではあいまいだった1階の幾何と2階の幾何を峻別し，それによって構文論的な研究を可能にしたことである．第二の貢献は，先述したように，連続性の定義に代数的連続性と解析的連続性の区別を設けたことである[4]．

実数体で例を挙げれば，$\sqrt[3]{2}$ を定義する切断の下の組は $X = \{x \in \mathbb{R} \mid x^3 - 2 \leqq 0\}$ で，上の組は $Y = \{x \in \mathbb{R} \mid x^3 - 2 > 0\}$ である．このように，下の組 X，上の組 Y を一般的な集合ではなく，順序環の1階論理式で表される集合に限定す

4)「代数的」，「解析的」という言葉は私(足立)の造語である．

れば，代数的・幾何学的な問題に使うには十分な連続性が1階論理の範囲で得られるのである．

定義11.2 **実閉体**

順序体 $(K, +, -, \cdot, \leq, 0, 1)$ (K と略記する)が極大順序体であるとき，すなわち真の有限次順序拡大体を持たないとき，実閉であると言われる．

注 実閉体を「すべての奇数次の方程式がその中で解を持つようなユークリッド的順序体」と定義すれば，順序環の言語 $\{+, -, \cdot, \leq, 0, 1\}$ の1階論理式だけで表現できるが，上の定義は集合の概念を使っていて，順序環の言語の論理式では表せない．このような定義をセマンティックな定義と呼び，論理式だけで与えられる形式的な定義をシンタクティックな定義と呼ぼう．

定理11.5 **タルスキ**

$\mathfrak{R}$ をすべての実閉体の成す類として，

$$\mathrm{Th}(\mathfrak{R}) = \bigcap_{K \in \mathfrak{R}} \mathrm{Th}(K) = \{\varphi \mid \forall K \in \mathfrak{R}(K \models \varphi)\}$$

と置くと，$\mathrm{Th}(\mathfrak{R})$ は完全であり，決定可能である．したがって，特に $\mathrm{Th}(\mathfrak{R}) = \mathrm{Th}(\mathbb{R})$ が成り立つ．

注1 実閉体のシンタクティックな公理系をRCFとでも書けば，上で定義した $\mathrm{Th}(\mathfrak{R})$ は完全性定理によって $\mathrm{Th}(\mathrm{RCF}) = \{\varphi \mid \mathrm{RCF} \vdash \varphi\}$ と一致する．

2 前半の証明はたとえば新井敏康『数学基礎論』付録A参照．後半は，明らかに $\mathrm{Th}(\mathfrak{R}) \subseteq \mathrm{Th}(\mathbb{R})$ だが，$\mathrm{Th}(\mathfrak{R})$ が完全なので，等号が成り立つのである．

幾何学の立場で必要な実閉体の言い換えは次である(Tarski, et al.[29], Teil II, 3.24 による)：

命題11.2 順序体 K が実閉であるためには，代数的連続性公理図式Daを満たすことが必要十分である．

ここで代数的連続性公理図式 Da というのは次の主張である：

Da　代数的連続性公理図式 [5)]

次の命題を代数的連続性公理図式と言い，Da と記す：

$$\forall u \forall v[\alpha(u) \wedge \beta(v) \to u < v]$$
$$\to \exists t[\forall u(\alpha(u) \to u \leq t) \wedge \forall v(\beta(v) \to t \leq v)]$$

ここに，α, β は順序環の言語 $\{+, -, \cdot, \leq, 0, 1\}$ の 1 階論理式で，t, v は $\alpha(u)$ の中に自由変数として現れず，t, u は $\beta(v)$ の中に自由変数として現れないものとし，$\forall x(\alpha(x) \vee \beta(x))$ が満たされるものとする．

証明　命題 11.2 の証明

$K \in \mathfrak{R}$ とする．Da の各公理 φ は $\mathbb{R}$ における解析的連続性公理の特別な場合であるので，$\mathbb{R}$ において成り立つ．すなわち $\varphi \in \mathrm{Th}(\mathbb{R})$ である．ゆえに定理 11.5 によって $\varphi \in \mathrm{Th}(\mathfrak{R})$ である．したがって K は Da を満たす．

逆に順序体 K が Da を満たすとする．f を K 係数の奇数次の多項式とする．

$$\alpha(u) = \forall x \leq u(f(x) < 0), \quad \beta(v) = \neg\alpha(v)$$

と置くと，Da の前提が満たされるので，$f(t) = 0$ を満たす $t \in K$ が存在する．同様にしてユークリッド的であることも容易にわかる．この 2 条件が成り立つことは順序体 K が実閉であることと同値である．□

定義 11.3　1 階幾何

初等絶対幾何 $\mathbb{A}_0$ に次の代数的連続性公理図式 Da を付け加えた理論（すなわち，A+B+C+Da）を 1 階絶対幾何と呼び，$\mathbb{A}_1$ と記す．1 階ユークリッド幾何 $\mathbb{E}_1$，1 階双曲幾何 $\mathbb{H}_1$ の定義もこれに準ずる．

$$\exists a \forall x \forall y[\alpha(x) \wedge \beta(y) \to \mathrm{B}(a, x, y)]$$
$$\to \exists b \forall x \forall y[\alpha(x) \wedge \beta(y) \to \mathrm{B}(x, b, y) \vee x = b \vee b = y]$$

ここに，$\alpha(x), \beta(y)$ は言語 $\{\mathrm{B}, \mathrm{D}\}$ の 1 階論理式で a, b, y は $\alpha(x)$ の中に自由変数として現れず，a, b, x は $\beta(y)$ の中に自由変数として現れないものとする．

5) Da は α, β に応じて無数の同一形式の命題から成り立っているので，公理図式（axiom scheme）と呼ばれる．

注　この定義のDaは順序体におけるDaを$\mathbb{A}_0$の直線に移して書いたものなので，同じくDaとしても誤解は生じないだろう．

定理11.6　Fが実閉体であれば，上半平面モデル$\mathcal{H}_2^+(F)$は1階双曲平面(すなわち，$\mathbb{H}_1$のモデル)である．逆に1階双曲平面$\mathcal{H}$に付随する順序体$F_{\mathcal{H}}$は実閉体である．

証明は2階幾何の範疇性(定理11.3)と同じである．また1階ユークリッド平面に対しても同様の定理が成り立つことは言うまでもない．

定理11.7　1階幾何は完全である．

証明　**証明の概略**([29]による)

$\mathbb{E}_1$**の場合**　実閉体F上のデカルト平面$\mathcal{C}_2(F)$における2点$a=(a_1,a_2)$, $b=(b_1,b_2)$の距離を$\sqrt{(a_1-b_1)^2+(a_2-b_2)^2}$と定義すると，これは$F$の要素であり，間の関係も$F$の要素間の関係として定義されるので，言語$\{\mathrm{B},\mathrm{D}\}$の論理式$\varphi$は順序体の言語$\{+,-,\cdot,\leq,0,1\}$のしかるべき論理式$\varphi^{\#}$へと変換されて，任意の実閉体$F$に対して

$$\mathcal{C}_2(F)\vDash\varphi\Longleftrightarrow F\vDash\varphi^{\#}$$

が成り立つ．ゆえに定理11.5から$\mathbb{E}_1$の完全性が従う．

$\mathbb{H}_1$**の場合**　「直線」はデカルト平面の直線とし,「線分」abの距離を$\dfrac{(1-ab)^2}{(1-a^2)(1-b^2)}$によって定義すると単位円盤$\{x\,|\,x^2<1\}$は双曲平面となる(クラインの円盤モデル$\mathfrak{R}_2(F)$)．ここに$x=(x_1,x_2)$, $y=(y_1,y_2)$のとき$xy=x_1y_1+x_2y_2$とする．これによって間の関係と合同の関係はFの要素の関係に変換できるので，実閉体の完全性から$\mathbb{H}_1$の完全性が従う．□

中世以降ボーヤイ，ロバチェフスキに至るまで，古典的な幾何学で使われる連続性は代数的連続性の範囲に収まっている．そういう意味でヒルベルトによって創始された，幾何学を厳密に公理化する研究はタルスキ学派によって完成されたと評価することができるであろう．

第12章で解説するが，$\mathbb{A}_0\vdash\mathrm{At}\leftrightarrow\mathrm{E}\vee\mathrm{H}$(グリーンバーグの定理)，すなわち，「アリストテレスの公理Atを前提とすれば初等絶対幾何$\mathbb{A}_0$ではユークリッド

平行線公準Eか双曲平行線公準Hのいずれかが成り立つ」，その結果「1本の直線と1点の組み合わせに対して非ユークリッド的(平行線が複数存在する)ならば，全平面で非ユークリッド的で，しかも限界平行線の存在が証明される」という定理が成り立つのだが，1階絶対幾何 $\mathbb{A}_1$ ではAtに言及せず直接に次が証明できる：

定理11.8 1階絶対幾何 $\mathbb{A}_1$ では次が成り立つ：

$$\mathbb{A}_1 \vdash \mathrm{E} \vee \mathrm{H}.$$

Atは簡単にわかるように $\mathbb{A}_1$ では定理だから，グリーンバーグの定理を既知とすれば，定理11.8が成り立つのは当然である．しかし，グリーンバーグの定理の証明には鏡映理論という大仕掛けな道具を用いるため，定理11.8を独立した形でここで証明することには意味があるだろう．

「直線 α とその上にない点 a に対し，a を通り α と平行な直線は唯一である」という主張を $P(\alpha, a)$ と記すと，定理11.8は，$\mathbb{A}_1$ の下では

$$\exists\alpha\exists a P(\alpha, a) \rightarrow \forall\alpha\forall a P(\alpha, a) \tag{11.4}$$

であるという主張と，すべての直線 α と点 a に対して

$$\neg P(\alpha, a) \rightarrow \exists\beta(\alpha \,|||\, \beta \wedge a \in \beta) \tag{11.5}$$

であるという主張から成り立っている．

(11.5)の証明は第1章で与えた証明を参考にすればよい(図11.4参照)．点 a から α に下した垂線の足を b，α に対する基準的平行線を β とし，β 上の1点を $c(\neq a)$ とする．線分 bc 上の点 p で，直線 ap が α と交わる p の集合を X とし，交わらない点 p の集合を Y とすれば，集合 X, Y は言語 $\{\mathrm{B}, \mathrm{D}\}$ の1階論理式で書けるので代数的連続性公理が適用できるのである．

次に(11.4)の証明を与えよう．(α, a) と (β, b) を直線とその上にない点の組とする．点 a から直線 α に下した垂線の足を a_0 とし，点 b から直線 β に下し

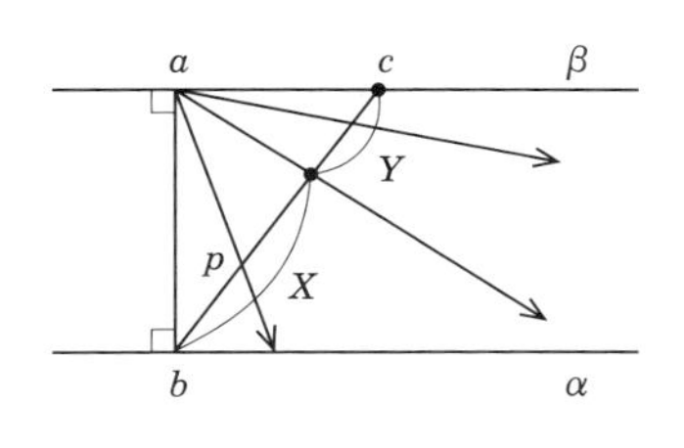

図11.4

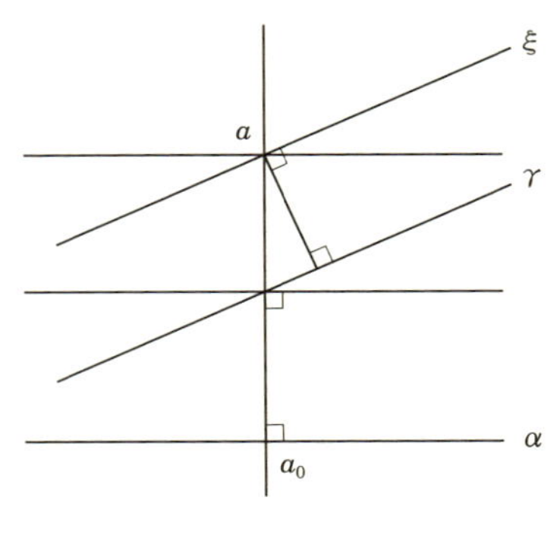

図 11. 5

た垂線の足を b_0 とすると，$a_0a \equiv b_0b$ ならば，合同変換を考えることにより，$P(\alpha, a) \leftrightarrow P(\beta, b)$ が従う．ゆえに，α を固定し，$a_0 \in \alpha$ で垂直に立てた半直線上に a, b がある場合に $P(\alpha, a) \rightarrow P(\alpha, b)$ を証明すればよい(図 11.5 参照)．

補題11.2 次の(1)または(2)であれば，$P(\alpha, a)$ から $P(\alpha, b)$ が従う：

(1) $\mathrm{B}(a_0, b, a)$
(2) $\mathrm{B}(a_0, a, b)$ かつ $a_0a \equiv ab$

証明 (1) b を通り α と交わらない直線 γ が基準的平行線以外に存在するとすれば，点 a を通る γ に対する基準的平行線 ξ が存在することになる(図 11.5)．この ξ は α とも平行になるので，$P(\alpha, a)$ という仮定に反する．

(2)は合同変換を考えれば直ちにわかる． □

証明 **(11. 4)の証明**

$P(\alpha, a)$ が成り立つとし，a_0 を a から α に下した垂線の足とする．$X = \{x \in \overrightarrow{a_0a} \mid P(\alpha, x)\}$ と置き，$Y = \overrightarrow{a_0a} - X$ (差集合)と置いて，Y が空集合であることを証明する．仮に Y が空集合ではないとすると，補題 11.2 (1)によって X, Y に対しては代数的連続性公理の仮定が満たされているので，X, Y の境界となる a^*(ここに $\mathrm{B}(a_0, a, a^*)$)が存在する．

線分 a_0a^* の中点を d とする．$\mathrm{B}(a_0, d, a^*)$ なので $d \in X$ である．ゆえに補題 11.2(2) によって $a^* \in X$ である．そこで $a^*c = a_0a^*$ かつ $\mathrm{B}(a_0, a^*, c)$ なる c を取ると，ふたたび補題 11.2 (2) によって $c \in X$ である．これは

$c \in Y$ に反する．ゆえに $Y = \emptyset$ である． □

この証明によって代数的連続性はアルキメデスの公理の役割も果たすことがわかる．

11.7 補遺　命題 11.1 の証明

命題 11.1　$\mathbb{H}_0$ において相異なる 2 直線 α, β が $\alpha \parallel\!| \beta$ であれば，$\gamma \perp \alpha$ かつ $\gamma \parallel\!| \beta$ を満たす直線 γ が存在する．

証明　クラインの円盤モデル $\mathfrak{R}_2(F)$ で証明する(図 11.6 参照)．ここに F は任意のユークリッド的順序体とする．$\alpha \parallel\!| \beta$ とはユークリッド的直線 α, β が円周 Γ で交わっているということである．その交点を A とする．α, β のほかの端点を B, C とする．すなわち $\alpha = \mathrm{A} * \mathrm{B}$，$\beta = \mathrm{A} * \mathrm{C}$ である．A, B において Γ に接線を引いて，その交点を P とする．直線 γ が α と垂直に交わる条件は γ が P を通ることである(12.1 節参照)．そこで直線 CP を γ とすれば，目的が達せられる．接線がデカルト座標平面で平行な場合は γ をそれらに平行な直線とすればよい． □

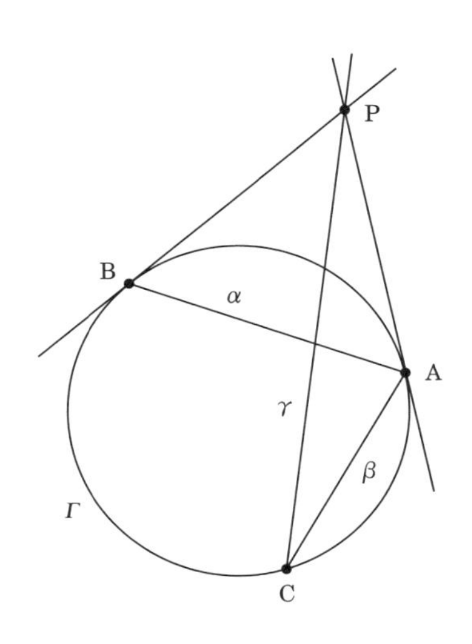

図 11.6

第12章 鏡映理論による古典幾何の分類

ヒルベルトの創始した幾何学基礎論(foundations of geometry)の研究は，タルスキ学派による基礎論的な研究のほかに，もう一つドイツを中心とする学派によって発展させられた．人名を挙げるとヘッセンベルク(G. Hessenberg：1874-1925)，イェルムスレウ(J. Hjelmslev：1873-1950，デンマーク)，バッハマン(F. Bachmann：1909-1882)，ペーヤス(W. Pejas：1933-)といった数学者たちである．彼らは角，合同といった概念を追放して，鏡映変換だけを基に，幾何学を展開する道を選んだ．その結果はBachmann[26]に集大成されているが，この研究方法では，ユークリッド平面と双曲平面だけではなく，楕円平面[1]まで一緒に扱うことができるばかりではなく，たとえば，次のような見事な成果も生み出した．すなわち，アルキメデスの公理，あるいはそれより弱いアリストテレスの公理という単純な命題を仮定するだけで，ヒルベルト平面(初等絶対幾何 $\mathbb{A}_0$ のモデル)はユークリッド平面か双曲平面かの，いずれかであるということが証明されるのである．そこで最終章となる本章では，今までの方法とはやや方向性が異なるけれども，鏡映理論の概要を報告することにしたい．

鏡映理論はヒルベルトの記念碑的著作『幾何学の基礎』(1899)を起点として60年を経て一応の完成に達した．鏡映理論では公理系を鏡映(reflection)に基づいて記述するのだが，そこには古典幾何学のモデルにおいては鏡映をたかだか3回続けて使うと合同変換がすべて表せるという簡単な事実が背景にある．たとえば直線 a に関する鏡映を R_a と記すと，a と b が点Aで直交する条件は，$T_{\mathrm{A}} = R_b \circ R_a$(これを $T_{\mathrm{A}} = R_b R_a$ と略記することも多い)が対合的であることである．すなわち $T_{\mathrm{A}}^2 = I$(恒等写像)であることである．R_a が直線 a を表すと考え，T_{A} は点Aを表すと考えれば，点という概念が原初的ではなくなる．かくして，間の公理系と合同の公理系を前提としない公理系が設定される．ただし，ここでは写像や集合の考え方が基本になるために1階論理で表現するのは困難なので，**計量平面**(metrische Ebene(独)，metric plane(英))と呼ばれる構造に対する公理系という形を取ることになる[2].

計量平面の公理系は本章の補遺で導入することにしよう．本文を読む前に通読しておいていただきたいが，計量平面とは，大まかに言えば，ヒルベルト平面，あるいは楕円平面のことと理解していても以下を読むのに大した問題は生じない．

あらかじめ結論の一部を，(厳密な記述は後に与えることにして)かいつまんで書いておこう．座標体がユークリッド的順序体になるような計量平面を**古典平面**と名付ける．本書で扱ってきたヒルベルト平面は古典平面である．$\Delta = 2\angle R-(\angle \mathrm{A}+\angle \mathrm{B}+\angle \mathrm{C})$ を三角形の不足和とすると，$\Delta = 0$ なる古典平面はユークリッド平面の部分平面[3]としてのみ現れ，$\Delta > 0$ なる古典平面は双曲平面の部分平面としてのみ現れ，$\Delta < 0$ なる古典平面は，楕円平面の部分平面としてのみ現れる．しかも座標体がアルキメデスの公理を満足するならば，半ユークリッド的平面はユークリッド平面であり，半双曲的平面は双曲平面であり，半楕円的平面は楕円平面である．これによって第6章で扱った非アルキメデス的順序体を使った種々の実例が本質的な，つまりこのほかには作りえない例になっていることを知るのである．

射影平面の中で実古典平面を群論的に統御する思想はクラインに始まるが，必ずしも解析的な連続性を前提としない古典平面を射影平面の中で統御する研究は，これによって一応完成したと言えるだろう[4].

鏡映理論に関しては，いくつかの著作(Bachmann[26]，Hessenberg=Diller[25]，Ewald[31]，Bachmann et al.[28])があるが，非専門家が古典平面の分類に至る全貌を知るには，これで必要十分というような都合の良い著作はない．日本ではほとんど知られていない分野であるという事情も考え，任にあらずとは思うが，鏡映理論の全体像の紹介を試みることにした．[31]では，実古典平面の場合に限定して分類が行われているのを，座標体が一般の順序体の場合に一般化し，さらに不足和 Δ の正負によって分類を完成したのは，本書の新味と言えば言えるであろうか．

---

1) 順序体 K 上のデカルト座標空間 $\mathscr{C}_3(K)$ の単位球面において対蹠点を同一視して得られるクライン・モデル $\mathscr{K}_2(K)$ を念頭に置けばよい．

2) 鏡映平面をモデルとする1階論理で表された公理系は Pambuccian[41]で与えられている．筆者(足立)はこれを簡易化し，構文論的な考察も加えることができたが，別の機会に紹介したい．

3) ここに部分平面とは全体に一致する場合も含めて言う(以下同様)．

4) ただし，すべての計量平面を分類する問題は未解決問題として残されている．

12.1 クラインの円盤モデル

双曲幾何のクラインの円盤モデルに関する知識を整理して，目標へ向かう指針とすると同時に，今後の作業に向けてのトレーニングとしよう．

ユークリッド的順序体 K 上のデカルト座標平面 $\mathscr{C}_2(K)$ の中で単位円 Γ を描く：

$$\Gamma : x^2+y^2 = 1$$

Γ の内部の領域を Π とする：

$$\Pi : x^2+y^2 < 1$$

Π における「点」や「直線」を，デカルト平面 $\mathscr{C}_2(K)$ の意味での点や直線のうち Π に属する部分のことと定義する．さらに線分の合同を次で定義する：

$$ab \equiv cd \Longleftrightarrow \frac{(1-a\cdot b)^2}{(1-a^2)(1-b^2)} = \frac{(1-c\cdot d)^2}{(1-c^2)(1-d^2)}$$

ただし，$a = (a_1, a_2)$，$b = (b_1, b_2)$ に対して

$$a\cdot b = (a_1, a_2)\cdot(b_1, b_2) = a_1b_1+a_2b_2, \qquad a^2 = a\cdot a$$

このとき Π を台集合とする構造 $\mathscr{K}_2(K)$（これをしばしば Π と略記する）は双曲幾何の公理系を満たす．これをクラインの円盤モデルと呼ぶ(図 12.1 参照)．円周 Γ 上の点はヒルベルトによって端点と名付けられた理想点である．すなわち Γ 上で交わる 2「直線」は Π の限界平行線である．また Γ の外部の点は Π 内で交わらないが限界平行でもない 2「直線」の想像上の交点(理想点)である．さらに Π 内でユークリッドの意味で平行な直線は無限遠直線 ℓ_∞ において交わると考える(つまり ℓ_∞ 上の点も理想点である)．

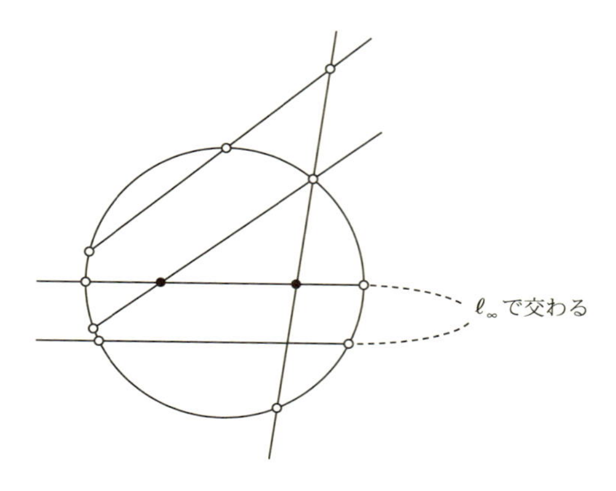

図 12.1

以上の考察によって，Π の 2 直線 a, b は

(1) Π で交わる．
(2) Γ 上で交わる(限界平行)．
(3) Γ の外部の点，あるいは無限遠直線と交わる(限界平行ではない平行線)．

のいずれかであることがわかる．

同時に，無限遠直線の登場もさることながら，直線の直交条件を導入することで，射影平面がそのままの形で楕円幾何のモデルになることを考慮すると，アフィン平面に限定することなく，射影平面を考察する必要性もわかるだろう．

ここで，読者は先刻承知のことと思うが，念のため，アフィン平面(affine plane)と射影平面(projective plane)の定義を簡単に振り返っておこう：

以下の 3 公理を満たす点と直線の成す構造を**アフィン平面**と言う：

(1) 2 直線を通る直線がただ一つ存在する．
(2) 直線上には少なくとも 2 点が存在する，また共線的でない 3 点が存在する．
(3) (プレイフェアの公準)直線 a 上にない，与えられた点を通り a と交わらない直線が 1 本だけ存在する．

以下の 3 公理を満たす点と直線の成す構造を**射影平面**と言う：

(1) 2 点を通る直線がただ一つ存在する．
(2) 2 直線はつねに交点を持つ．
(3) 直線上には少なくとも 3 点が存在する．また 1 点を通る直線が少なくとも 3 本存在する．

アフィン平面に無限遠直線を想定して射影平面を作ることができること，また射影平面から 1 直線を取り去ればアフィン平面が得られることは周知の通りである．

線分の合同を使えば Π に「角」の概念も導入できるが，以下では直線の直交関係 $a \perp b$ に限定して考察してみよう．Π の直線 a を延長した直線 $\ell(a)$ が Γ

と交わる点をB, Cとする．B, CにおいてΓに接線を引き，その交点をPとする．このPは直線aの**極**(pole)と呼ばれる．またaは点Pの**極線**(polar)と呼ばれる．Πにおいて直線aが直線bに「垂直」に交わる($a\perp b$と書く)条件は，bを延長した直線$\ell(b)$がPを通ることであるということが確認される(たとえば，Greenberg[42]，Chapter 7参照)．このとき$a\perp b$ならば$b\perp a$であることが知られる(図12.2参照)．ただし，たとえばaがΓの直径である場合は，デカルト平面の意味でaがbに垂直であるとき$a\perp b$である．このときも$b\perp a$は明らかである．

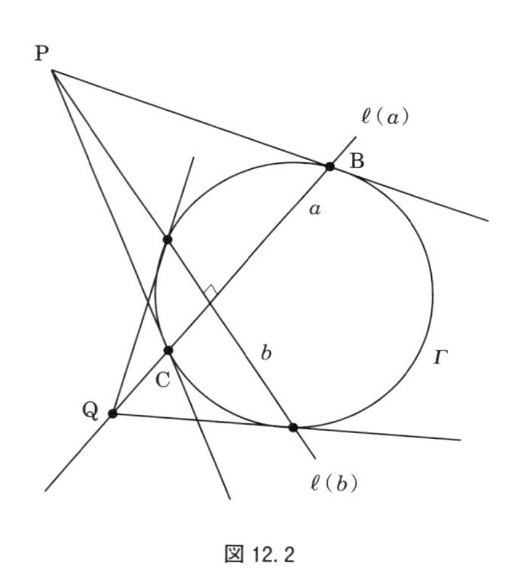

図12.2

さらに，先に(3)として分類した，Γの外部で交わる2直線a, bは$\ell(a)$と$\ell(b)$の交点PからΓに接線を引き，その接点をA, Bとして，AとBを結ぶ直線を$\ell(t)$とすると，$a\perp t, b\perp t$を得る．すなわち，「限界平行ではない平行線」とは「$a\perp t, b\perp t$を満たすような直線tの存在する2直線のことである」と表現することができる．

直線aを斉次座標で$a_1x+a_2y+a_3z=0$，また直線bを$b_1x+b_2y+b_3z=0$と表すと，ちょっと計算するとわかるように，$a\perp b$の条件は

$$a_1b_1+a_2b_2-a_3b_3=0$$

であることが示される．これに対して，デカルト座標平面$\mathscr{C}_2(K)$の場合は$a\perp b$であるためには

$$a_1b_1+a_2b_2=0$$

が必要十分であるし，単位球面

$S：x^2+y^2+z^2=1$

から，対蹠点を同一視して得られる楕円平面 $\mathscr{S}_2(K)$ の場合は，

$a_1b_1+a_2b_2+a_3b_3=0$

が $a\perp b$ のための必要十分条件である．これは，$\mathscr{S}_2(K)$ の「直線」が原点を通る平面 $ax+by+cz=0$ から誘導されることによって明らかである．このように，古典幾何のモデルにおける2直線の垂直性が対称双1次形式を使って表現されることを覚えておこう．

最後に，円直線交叉公理CLについて考察する．Π において公理CLが成り立っていると仮定する．線分の合同の定義によって，原点Oを中心とする「円」は普通の意味の円に一致することがわかる．ただし $a\ (>0)$ が K の元（言い換えれば，x 軸上の点）であるとしても，$|a|<1$，つまり Π 内にあるとは限らない．そこで $a>1$ の場合には $(a+1)\varepsilon<2$ となるように K の元 $\varepsilon\ (>0)$ を十分小さく取り，円

$$x^2+y^2=\left(\frac{a+1}{2}\right)^2\varepsilon^2$$

を使って，デカルトが a から $\sqrt{a}$ を抽出した方法（命題8.1の証明参照）を適用すれば，$\sqrt{a}\varepsilon\in K$ が得られる．$\varepsilon\in K$ だから $\sqrt{a}\in K$ である．すなわち K はユークリッド的順序体である．逆ももちろん成り立つ．すなわち，Π が公理CLを満たすことは，座標体 K がユークリッド的順序体となることと同値である．

以上の考察によって，計量平面の研究のガイドラインが次のように与えられるだろう：

プロジェクト1　計量平面 $\mathscr{H}$ を，$\mathscr{H}$ を部分領域とする最小の射影平面 $\mathscr{P}_2$ に埋蔵する．

プロジェクト2　この射影平面 $\mathscr{P}_2$ をある順序体 K 上の斉次座標射影平面 $\mathscr{P}_2(K)$ とみなす．

プロジェクト3　K 上の3項行ベクトルの成すベクトル空間 $V_3(K)$ の対称双1次形式 f を，$V_3(K)$ の元 $\vec{a},\vec{b}$ で表される $\mathscr{H}$ の2直線の垂直関係が $f(\vec{a},\vec{b})=0$ と同値になるように構成し，$\mathscr{H}$ の合同変換を，f を不変に保つ $V_3(K)$ の線型変換，すなわち

$$f(\sigma(\vec{x}),\sigma(\vec{y}))=f(\vec{x},\vec{y})$$

なる線型変換 σ の成す群の部分群として捉えられることを示す．

プロジェクト4　以上の成果を $\mathscr{H}$ が古典平面である場合に適用する．

12.2 射影平面の構築

12.2.1●理想点の定義

抽象的には，新しい点は(アフィン平面から射影平面を作ったときと同様に)直線束である．詳しく説明しよう．

考察する点や直線はすべて計量平面 $\mathscr{H}$ のものである．R_a を直線 a に関する鏡映とする．a, b を異なる直線として，$R_aR_bR_c$ が鏡映となる，すなわち

$$R_aR_bR_c = R_d$$

を満たす直線 d が存在するようなすべての直線 c からなる束 $p(ab)$ を新たに点と考える：

$$p(ab) = \{x \mid \exists y(R_aR_bR_x = R_y)\}$$

これらの新しい点(理想点)には3種類ある(図 12.3 参照)．次の命題の(1), (2)はとにかく，(3)を証明するには鏡映に関する議論の積み重ねが必要なので割愛する(Bachmann[26]，§4，あるいは Ewald[31]，§7.3 を参照)．

命題12.1 計量平面において次が成り立つ：

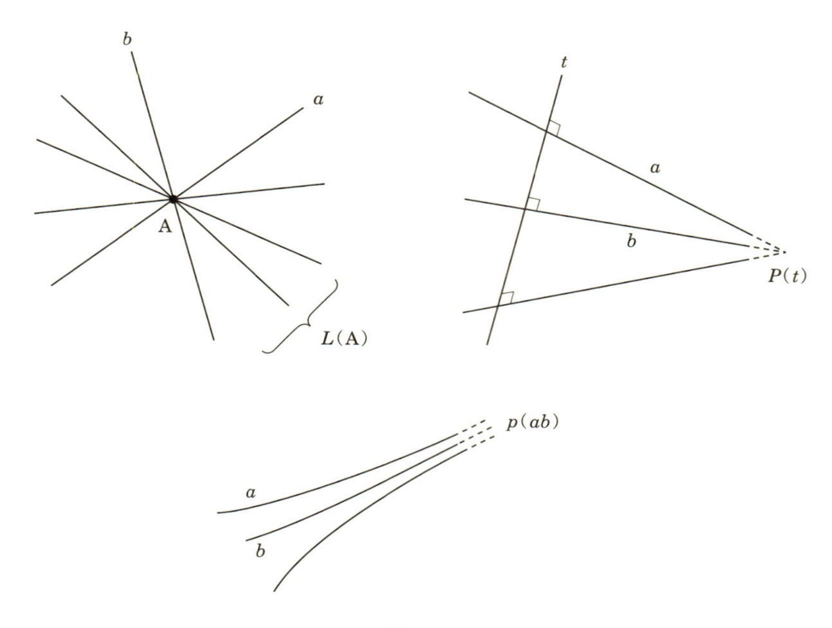

図 12.3

(1) 直線 a, b が交わるとき，a, b の交点を A とすると，$p(ab)$ は点 A を通るすべての直線からなる．これを $L(\mathrm{A})$ と記し，**第 1 種の理想点**（あるいは，本来の理想点）と呼ぶ：

$$L(\mathrm{A}) = \{x | \mathrm{A\,I}\,x\}$$

ここに $\mathrm{A\,I}\,a$ は A が a 上にあることを示す記号である．

(2) $t \perp a, t \perp b$ を満たす直線 t が存在するとき，$p(ab)$ は $t \perp c$ なるすべての直線 c からなる．これを $P(t)$ と記し，**第 2 種の理想点**と名付ける：

$$P(t) = \{x | t \perp x\}$$

(3) a, b が交わらず，しかも共通の垂線も持たないとき，$p(ab)$ は a, b に交わらず，a, b のどちらとも共通の垂線を持たない直線からなる．これを**第 3 種の理想点**と名付ける[5)]：

$$p(ab) = \{x | x \text{ は } a, b \text{ と交わらず，} a, b \text{ のどちらとも共通の垂線を持たない}\}$$

12.2.2●理想直線の定義

次にイェルムスレウによる理想直線の定義を与える．$\mathscr{H}$ の直線 a を含むすべての直線束の集合 $\ell(a)$ を新しい直線（理想直線）とする：

$$\ell(a) = \{p(xy) | x \neq y \wedge a \in p(xy)\}$$

これを**本来の理想直線**（略して，本来の直線）と呼ぶ．$\ell(a)$ の上には第 2 種，第 3 種の理想点が加わっていることに注意．これらの理想点は，双曲平面 $\mathscr{K}_2(K)$ の場合のように大量に存在することもあれば，楕円平面 $\mathscr{S}_2(K)$ のように新たな点は一つも加わらないこともある．

第 1 種の理想点と第 2 種（あるいは第 3 種）の理想点を与えると，双方に共通する本来の直線が一本だけ存在することが証明される（イェルムスレウの定理）．しかし，円盤モデル $\mathscr{K}_2(K)$ で知られる通り，第 1 種以外の理想点同士が本来の直線を共有するということは一般的には成り立たないので，次のような工夫が必要となる．点 O を固定し，鋭角 θ を与える[6)]．点 $\mathrm{P} \neq \mathrm{O}$ に，O を中心に P を 2θ 回転した点との中点 P^* を対応させる変換を定義する．この変換（合同変換ではない）を，O を中心とする**半回転**（half-rotation）と呼ぶ（図 12.4 参照，次ページ）．

---

5) $\mathscr{H}$ が双曲平面であるならば，限界平行線の成す類，すなわち端点が第 3 種の理想点である．

6) 一般に鏡映幾何では，角という概念を定義しない．ここでは，直感にうったえて，O で交わる 2 本の直線 u, v を与え，これを仮に角 θ と称することにする．

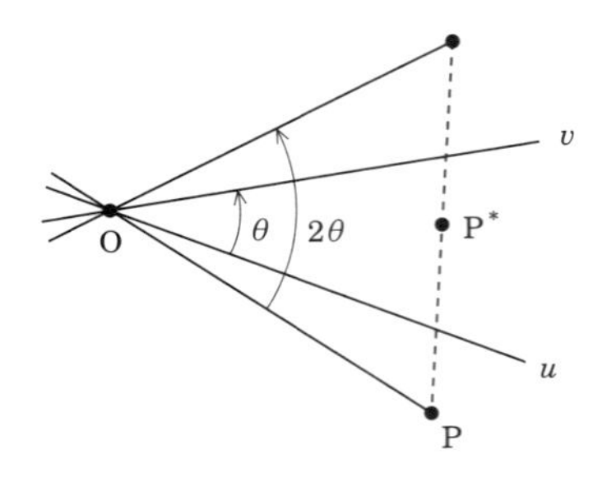

図 12.4

$S_{\mathrm{O},\theta}$ を半回転写像とすると $S_{\mathrm{O},\theta}(p(ab))$ はある直線束 $p(cd)$ の部分集合となるので，理想点の集合の変換としては $S_{\mathrm{O},\theta}(p(ab)) = p(cd)$ と定義すれば，半回転は理想点の集合の上の全単射であり，本来の直線の像は本来の直線の上に写像されることが容易に示せる．また，O を通る直線 t を使って $P(t)$ と表せる理想点を除けば，O を中心とする半回転写像を適当に選べば，(第 1 種でなくても)与えられた理想点の像が第 1 種の理想点になるようにできる．

定義12.1　理想直線

次の 3 種類の集合を理想直線と呼ぶ(図 12.5 参照)：

(1) 直線 a によって $\ell(a)$ と表される本来の理想直線

(2) O を中心とする半回転写像によって本来の理想直線の中に写像される集合(すなわち，本来の理想直線の逆像)

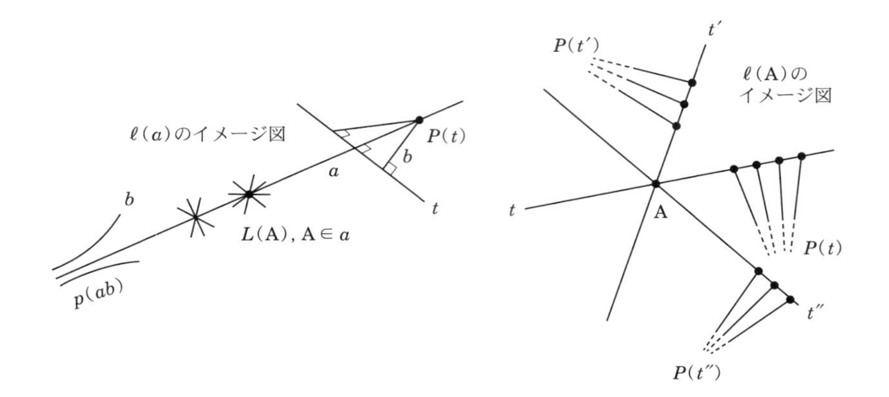

図 12.5

(3) 点 A の極線(polar) $\ell(\mathrm{A})$[7]，すなわち，$\ell(\mathrm{A}) = \{P(t) | \mathrm{A\,I}\,t\}$

念のため，記号の整理をしておこう：

$L(\mathrm{A}) = \{t | \mathrm{A\,I}\,t\}$：第 1 種の理想点

$\ell(a)$：本来の理想直線

$P(t) = \{x | x \perp t\}$：第 2 種の理想点

$\ell(\mathrm{A}) = \{P(t) | \mathrm{A\,I}\,t\}$：A の極線(理想直線)

理想点 $P(t)$ を直線 $\ell(t)$ (あるいは，単に t)の**極**(pole)と言い，$\ell(t)$ を $P(t)$ の**極線**(polar)と言う．また点 $L(\mathrm{A})$ (あるいは，略して A)を $\ell(\mathrm{A})$ の極と呼び，$\ell(\mathrm{A})$ を $L(\mathrm{A})$ (あるいは，略して A)の極線と呼ぶ．極と極線という用語の整合的な解説は次節で与える．

以上の理想直線の定義から，2 本の理想直線には常に一つ，そして一つだけ交点となる理想点が存在すること，ならびに任意の二つの理想点を結ぶ理想直線が一つ，そして一つだけ存在することが証明できる．したがって，これらの理想点と理想直線が射影平面の公理系を満たすことがわかる．かくして得られた射影平面 $\mathbb{P}_2$ を計量平面 $\mathscr{H}$ の**射影的完備化**と呼ぶことにしよう．このとき $\mathbb{P}_2$ の直線と $\mathscr{H}$ との共通部分が空でないならば，それは本来の直線であることは，理想点の定義から明らかである．

12.3 極と極線

12.3.1 ●極と極線

極と極線は鏡映理論にとって重要な概念であり，また本書では楕円平面を考察から除外してきたから，この機会にこれらを論じておこう．これによって計量平面の基礎付けは完全なものとなる．

定義 12.2　極と極線

$\mathscr{H}$ を計量平面とする．$\mathscr{H}$ において点 P から直線 a への垂線が少なくとも 2 本引けるとき，P は a の極(pole)であると言い，a は P の極線(polar)であると言う[8]．

結論を先に言うと，すべての直線が極を有するか，あるいは極を有する直線

7) $\mathrm{A} = \mathrm{O}$ のとき $S_{\mathrm{O},\theta}(P(\mathrm{O})) = P(\mathrm{O})$ が成り立つ．

8) 直線上の点から垂線は 1 本しか立てられない(公理 P2)ので，極は極線上にはない．

は一つも存在しないかのどちらかである．正確には下の命題 12.2 が成り立つのだが，その証明のために補題を二つ準備する：

補題12.1 点 P を直線 a の極とする．

(1) P と a 上の点 A を結ぶ直線は a と垂直である．
(2) P を通る直線は必ず a と交わる．

証明

(1) R_a を a に関する鏡映とすると，P から a に複数の垂線が下せることから，$R_a(\mathrm{P}) = \mathrm{P}$ である．また A I a であるから $R_a(\mathrm{A}) = \mathrm{A}$ である．したがって直線 PA は R_a によって不変な直線である．ゆえに PA$\perp a$ である（命題 12.12(1)参照）．
(2) b を P を通る直線とする．b 上の点 Q ($\neq$ P) を取り，Q から a に垂線 c を下し，その足を A とする．(1)によって PA$\perp a$ である．すなわち直線 PA は c である．Q I c によって $b = c$ である．□

補題12.2

(1) 与えられた直線の極はたかだか一つである．
(2) 与えられた点の極線はたかだか一つである．

証明

(1) P, Q を a の極とする．a 上の点 A と P, Q とをそれぞれ結ぶと補題 12.1 によってこれらは A 上に立てた a の垂線である．A を通る a の垂線は一つだけだから A, P, Q は 1 直線上にある．a 上の点 B を A 以外にもう一つ選ぶことによって B, P, Q も 1 直線上にある．ゆえに P = Q である．
(2) P を a と b の極とする．P において垂直に交わる 2 直線が a と交わる点を A, B とする．B は直線 AP の極である．直線 b は AP, BP と垂直に交わるので，それぞれの交点を D, C とすれば，C は直線 AP の極であるから，(1)によって，B = C である．同様に考えて，A = D である．a は直線 AB であり，b は直線 CD であるから，$a = b$ である．□

命題12.2 計量平面において次の条件はすべて互いに同値である：

(1) 異なる2直線は必ず交点を持つ．
(2) すべての直線は極を持つ．
(3) すべての点は極線を持つ．
(4) 極と極線の関係にある点と直線が少なくとも一組存在する．
(5) **極三角形**(すなわち，どの内角も直角である三角形)が存在する[9]．

証明 (1)を仮定する．直線a外の1点Pで直交する2直線b,cを描く．b,cとaとの交点が共に存在し，Pはaの極なので，補題12.1によりb,cはaと垂直に交わる(図12.6参照)．これで(5)が示せた．

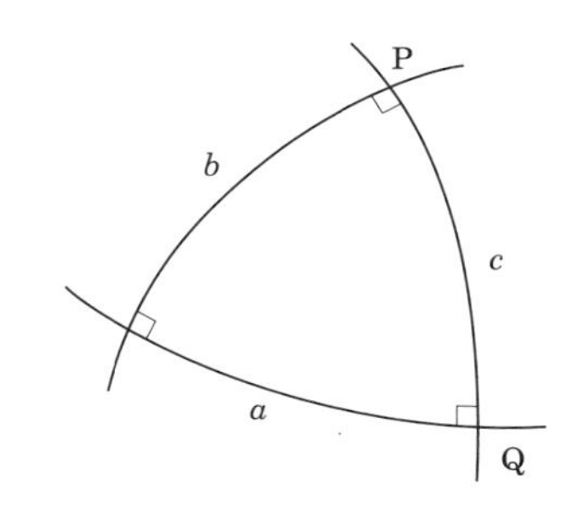

図 12.6

(5) ⇒ (4)は自明である．

(4)を仮定する．Pをaの極とし，QをP以外の点とする．Q I aの場合を考える．補題12.1によりPQ⊥aである．PでPQに垂線bを立てればb⊥aである．したがってQはbを極線に持つ．

Q I aではないとする．Pにおいて立てたPQの垂線がaと交わる点をRとすれば，PQはaとも垂直に交わるので，Rは直線PQの極である．前半に示したことによってQは極線を持つ．これで(3)が示された．

(3)を仮定する．直線a上に点Aを取り，Aの極線をbとする．Aにおいてaの垂線を立てると補題12.1によって，bに垂直に交わる．その足をBとする．aはAを通るので，補題12.1(2)によって，bと垂直に交わる．

9) 正確に述べれば，「互いに直交する3本の直線が存在する．」

その交点を C とすると，点 B は直線 a の極であることがわかる．これで(2)が示された．

(2)を仮定する．a, b を異なる直線とし，P, Q をそれぞれの極とする．補題 12.2 により $\mathrm{P} \neq \mathrm{Q}$ である．直線 PQ は a, b の双方に垂直に交わる．その交点を A, B とする．直線 PQ の極を R とする．RA, RB は PQ と垂直に交わる．ゆえに直線 RA は a であり，直線 RB は b である．すなわち R は a と b の交点である．これで(1)が示せた． □

12.3.2●楕円的計量平面

定義12.3　楕円的計量平面

異なる 2 直線は必ず交点を持つような計量平面を楕円的計量平面と称する．

$\mathcal{H}$ を楕円的計量平面とする．すべての 2 直線は交わるので $\mathcal{H}$ には第 3 種の理想点は存在しない．また $P(t)$ を t の極と解釈すれば第 2 種の理想点は $\mathcal{H}$ の点である．楕円的計量平面では，前節において $\mathbb{P}_2$ に導入した点 A の「極線」$\ell(\mathrm{A})$ が実際には先に定義した A の極線と一致することを確かめておこう：

命題12.3　楕円的計量平面において，点 A に対して

$$\ell(\mathrm{A}) = \{P(t) \,|\, \mathrm{A} \,\mathrm{I}\, t\}$$

とすると，$\ell(\mathrm{A})$ は A の極線である．

証明　次の同値関係が成り立つ：

$$P(y) \,\mathrm{I}\, x \Longleftrightarrow x \perp y \Longleftrightarrow y \perp x \Longleftrightarrow P(x) \,\mathrm{I}\, y$$

したがって，a を A の極線とすれば，

$$P(t) \,\mathrm{I}\, a \Longleftrightarrow P(a) \,\mathrm{I}\, t \Longleftrightarrow \mathrm{A} \,\mathrm{I}\, t \Longleftrightarrow P(t) \,\mathrm{I}\, \ell(\mathrm{A})$$

が成り立つ．最後の $\Longleftrightarrow$ は $\ell(\mathrm{A})$ の定義による．楕円平面では，すべての点がある直線の極であるから，$\mathrm{P} \,\mathrm{I}\, a \Longleftrightarrow \mathrm{P} \,\mathrm{I}\, \ell(\mathrm{A})$ を得る． □

計量平面 $\mathcal{H}$ の射影的完備化 $\mathbb{P}_2$ から O ($\in \mathcal{H}$) の極線 $\ell(\mathrm{O})$ を取り除くとアフィン平面が得られる．これを $\mathcal{A}_2$ と記す．楕円的でない，つまり交わらない直線の存在する平面を**非楕円的計量平面**と言うことにすると次が成り立つ：

命題12.4　$\mathcal{H}$ を非楕円的計量平面とすると，$\mathcal{H} \subseteq \mathcal{A}_2$ が成り立つ．

証明 仮に$\mathscr{H}$が$\ell(\mathrm{O})$上の点を持つとして，それをAとする．$\ell(\mathrm{O})$の定義によって，Oを通る直線tで，$P(t)=\mathrm{A}$となるものが存在するはずである．t上の本来の点(すなわち$\mathscr{H}$の点)B ($\neq$ O) を取ると，Bで立てたtの垂線はAを通る．ゆえに$t\perp\mathrm{AB}$かつ$t\perp\mathrm{AO}$が成り立つ．しかし，これは1点から下した垂線が2本存在することになり，非楕円的という仮定に反する．ゆえに$\mathscr{H}\subseteq\mathscr{A}_2$である． □

ユークリッド平面や双曲平面を計量平面と見るとき非楕円的だから，アフィン平面に埋蔵できることがわかったわけである．

12.3.3●楕円幾何のクライン・モデル

楕円的計量平面の具体的な例を与えよう．これは球面の対蹠点を同一視して得られる射影平面を台集合として，これに垂直，鏡映という概念を定義することによって計量平面の構造を与えるものである．

Kをユークリッド的順序体とする．デカルト座標空間$\mathscr{C}_3(K)$における球面

$$S : x^2+y^2+z^2=1$$

において対蹠点である2点，すなわち点$(-x,-y,-z)$と点(x,y,z)を同一視して得られる曲面をS^*とし，これを台集合とする．また原点Oを通る平面から定まるS^*の曲線をS^*の直線とする．S^*の二つの直線が垂直に交わる条件をもとになる平面が垂直に交わることと定義する．すなわち，$\vec{a},\vec{b}\in V_3(K)$から定まる2平面から誘導される$S^*$の2直線を

$$\alpha : \vec{a}\cdot\vec{x}=0$$

$$\beta : \vec{b}\cdot\vec{x}=0$$

とすると，$\alpha\perp\beta$である条件は

$$\vec{a}\cdot\vec{b}=a_1b_1+a_2b_2+a_3b_3=0$$

である．最後に，Sの上の直線(大円)に関するS上のユークリッドの意味での鏡映から得られるS^*の写像を鏡映と定義する．すべての鏡映から生成される群がS^*の合同変換群である．対蹠点が同一視されることを考慮すれば，これはデカルト座標空間$\mathscr{C}_3(K)$の固有(特殊)直交群$O_3^+(K)$と同型である．

命題12.5 上記のように，台集合S^*における点，直線，垂直，鏡映を定義した構造を$\mathscr{S}_2(K)$とするとき，$\mathscr{S}_2(K)$は楕円的計量平面を成す．これを楕円幾何の**クライン・モデル**と言う．

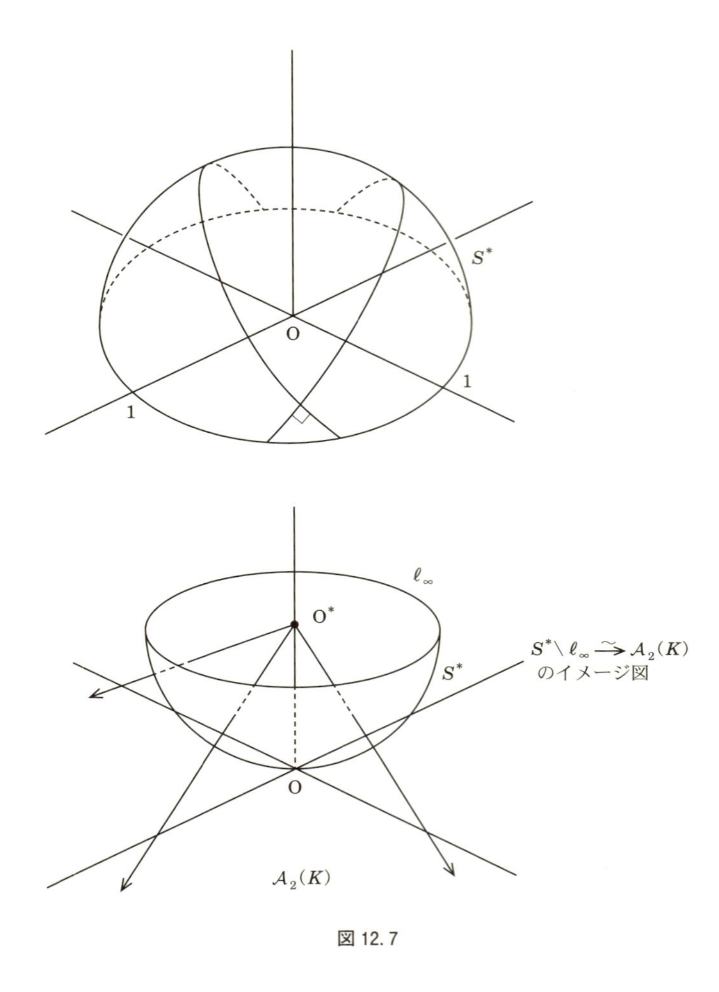

図 12.7

証明は計量平面の公理系に当たってみれば容易に確かめられる.

12.4 座標系の導入

ヘッセンベルクが証明したことだが，計量平面 $\mathcal{H}$ においてはパッポスの定理が成り立つ．そこから射影的完備化 $\mathbb{P}_2$ においてもパッポスの定理が成り立つことが従う[10]．さらに，パッポスの定理は，$\mathbb{P}_2$ における「直線」の定義が，基準に取った O の選び方に依らないことを保証してくれる.

パッポスの定理の成り立つ射影平面においては，直線から 1 点を取り除いた集合に(標数2ではない)体の構造を持たせることができる．その加法・乗法の演算の定義はアルチンによって開発された，標準的な方法に従う(Artin[21]，Bachmann, et al. [28]，Chapter 5，Ewald[31]，Chapter 3などを参照)．この体は選ばれた直線によらず，同型に定まるので，これを**座標体**と呼んでKと記す．かくして$\mathbb{P}_2$は体K上の斉次座標射影平面$\mathbb{P}_2(K)$の構造を持つことになる．$\mathbb{P}_2(K)$を計量平面$\mathscr{H}$の**斉次座標射影的完備化**と呼ぶことにしよう．

ヒルベルトがアフィン平面に対して導入した線分算(第9章参照)も結果としては同じ座標体をもたらす．アルチンの方法は，加法は並進(translation)，乗法は拡大(dilation)という幾何的な写像を使っているのに対して，線分算は三角形の相似関係などの図形的な方法に訴えているという点で異なるだけである．ヒルベルトの場合は，双曲平面では新たに端点算を導入しなければならなかったが，鏡映幾何では，ユークリッド幾何と双曲幾何を分ける以前に，計量平面をまず射影平面に埋蔵する道を選ぶので，別々に座標体を構成する必要がない．そういう意味で，ヒルベルト[8]の時代よりはっきり進化していると評価できるだろう．しかし射影的完備化の構成は端点の体の構成よりはるかに困難であるから，端点算が無用になったとは言えない．

なお，双曲平面で導入された端点の成す体は，計量平面で一般的に導入された体とは同じものではないことには注意を要する．ただし，端点の成す体から0を取り除いた点の成す乗法群は線分算の加法をもとに定義されているので，これは計量平面の直線の加法の群(線分算の加法群)と同型である．

$\mathbb{P}_2(K)$を計量平面$\mathscr{H}$の斉次座標射影的完備化とする．以後は，$\mathbb{P}_2(K)$の座標原点$\mathrm{O}=[1,0,0]$は今まで通り$\mathscr{H}$の点であるとしておく．また$\mathbb{P}_2(K)$からOの極線$\ell(\mathrm{O})$を無限遠直線として取り除いて得られるアフィン平面を$\mathscr{A}_2(K)$と記す．

定義12.4　弱ヒルベルト平面

初等絶対幾何$\mathbb{A}_0$から円円交叉公理CCを除いた公理系(すなわちA+B+C)を$\mathbb{A}_0^-$と記し，そのモデルを弱ヒルベルト平面と言う．

間の関係Bを備えた計量平面を順序計量平面と言う(補遺の定義12.11参照)のだが，順序計量平面はヒルベルト平面にきわめて近い．実際，次の命題が成立する：

10) たとえばEwald[31]，Chapter 7参照．任意の射影平面でパッポスの定理が成り立つわけではないことに注意．

命題12.6 順序計量平面であることと弱ヒルベルト平面であることとは同値である．

証明 $\mathscr{H}$ を弱ヒルベルト平面とする．$\mathscr{H}$ が非楕円的であることは『原論』《命題 28》によってわかっている．

$\mathscr{H}$ において I（結合），⊥（垂直），R_a（鏡映）が定義できることは，命題 5.2 で述べたように，《命題 1》から《命題 28》までの中で，《命題 I》と《命題 22》を除くすべての命題が $\mathbb{A}_0^-$ において証明できることからわかる．

公理 M2（自由可動性公理）は公理 C4（線分の複写）によって保証される．それ以外の公理はすべて自明であるから，$\mathscr{H}$ は計量平面である．

最後に B6 を示そう．今 $\mathrm{B(A, B, C)}$ が成り立っているとし，R を一つの鏡映とする．鏡映は結合関係を保つので $\mathrm{Col(A', B', C')}$ である（ここに $\mathrm{A'} = R(\mathrm{A})$ 等とする）．さらに鏡映は線分の合同関係を保つので，

$$\mathrm{A'B'} \equiv \mathrm{AB}, \quad \mathrm{B'C'} \equiv \mathrm{BC}, \quad \mathrm{C'A'} \equiv \mathrm{CA}$$

が成り立つ．これは $\mathrm{B(A', B', C')}$ を意味する．以上によって，$\mathscr{H}$ が順序計量平面であることが示された．

逆に $\mathscr{H}$ を順序計量平面とする．公理 C5（線分の加法）は合同変換（鏡映の積）が線分の合同関係を保持することからあきらかである．

$\mathscr{H}$ は非楕円的であるので，与えられた 2 点 A, B に対して $\mathrm{B(A, B, A')}$ かつ $\mathrm{AB} \equiv \mathrm{A'B}$ なる点 A′ が存在する．このことと計量平面の鏡映公理 M2 によって公理 C4（線分の複写）は保証される．

公理 C6（5 辺公理）を調べよう．合同な三角形 △ABC, △A′B′C′ に対して

$$\mathrm{B(B, C, D)}, \ \mathrm{B(B', C', D')}, \ \mathrm{CD} \equiv \mathrm{C'D'}$$

を仮定する．三角形の合同条件から $T(\mathrm{A}) = \mathrm{A'}$, $T(\mathrm{B}) = \mathrm{B'}$, $T(\mathrm{C}) = \mathrm{C'}$ を満たす合同変換 T が存在するが，順序計量平面 $\mathscr{H}$ の合同変換が間の関係を保つことによって，$\mathrm{B(B', C', }T(\mathrm{D}))$ も成り立つ．$\mathrm{C'D'} \equiv \mathrm{C'}T(\mathrm{D})$ であるから，$T(\mathrm{D}) = \mathrm{D'}$ が得られる．これは $\triangle\mathrm{A'C'D'} \equiv \triangle\mathrm{ACD}$ を意味する．したがって C6 が成り立つ．以上によって，$\mathscr{H}$ は弱ヒルベルト平面である．□

系 円円交叉公理 CC を満たす順序計量平面であることとヒルベルト平面であることとは同値である．

$\mathbb{A}_0^-$ に公理 CC を付け加えた理論が $\mathbb{A}_0$ なのだから，系は命題 12.6 から自明である．

ところで，$\mathcal{H}$ を順序計量平面，K をその座標体として，$\mathcal{H}$ をアフィン閉包 $\mathcal{A}_2(K)$ に埋蔵するとき，$\mathcal{H}$ の間の関係を $\mathcal{A}_2(K)$ の間の関係へと拡張することができる．実際，A, B, C を $\mathcal{A}_0(K)$ の共線的な 3 点とする．A, B, C と $\mathcal{H}$ の点 O と結ぶ直線をそれぞれ a, b, c とする．直線 g を AB と平行な本来の直線($\mathcal{H}$ の直線)として，g と a, b, c との交点を A′, B′, C′ とする．B(A′, B′, C′) が成り立つとき，B(A, B, C) と定義するのである．O の取り方に依らずに，この関係が定まり，間の関係の公理群のうち B6 以外は証明できる(証明は Hessenberg=Diller[25]，Satz 61.3 を参照)．$\mathcal{A}_2(K)$ の合同変換はアフィン変換なので，B6(間の関係の維持)も成り立つことがわかる(ある点がある線分上に存在することをベクトルの和を使って線型的に表現できるからである)．

さらに，$\mathcal{H}$ において公理 CC が満たされているとしよう．a を K の正元とするとき，0 ではない $\varepsilon\ (\in K)$ を $(\varepsilon^2 a, 0) \in \mathcal{H}$ となるように小さく取るなら，$\mathcal{H}$ において CC，したがって CL が成り立つことから，$\sqrt{\varepsilon^2 a} \in K$，したがって $\sqrt{a} \in K$ を得る．すなわち，K はユークリッド的順序体である．逆も成り立つから，本章の冒頭で，座標体がユークリッド的順序体になるような計量平面を古典的平面と呼ぶことにしたことを思い出すと，非楕円的な古典的平面とはヒルベルト平面のことであるということになる．

命題12.7 順序計量平面 $\mathcal{H}$ はそのアフィン閉包 $\mathcal{A}_2(K)$ において凸なる開集合である．

証明 先述のように $\mathcal{A}_2(K)$ においては間の関係が定義され，その $\mathcal{H}$ への制限が $\mathcal{H}$ の間の関係に一致する．そこで $\mathcal{A}_2(K)$ における間の関係も B で表す．まず $\mathcal{H}$ の凸性を示す．B(A, B, C) で $\mathrm{A} \in \mathcal{H}$，$\mathrm{C} \in \mathcal{H}$ と仮定して，$\mathrm{B} \in \mathcal{H}$ を示せばよい．直線 AC 外の点 $\mathrm{D} \in \mathcal{H}$ を取り，$\mathcal{H}$ の三角形 ACD を考える(図 12.8 参照，次ページ)．本来の理想直線 ℓ(DB) は横棒定理(第 5 章：これはパッシュの公理と線分の複写公理から証明できる)によって，$\mathcal{H}$ において AC と交わる．その交点を B′ とすると，B も B′ も同じ 2 直線の $\mathcal{A}_2(K)$ における交点なので $\mathrm{B} = \mathrm{B}' \in \mathcal{H}$ である．

次に $\mathcal{H}$ が開集合であることを証明する．A, B を $\mathcal{H}$ の 2 点とする．中心 A，半径 AB の円とその内部が $\mathcal{H}$ の部分集合であることを示せば十分であ

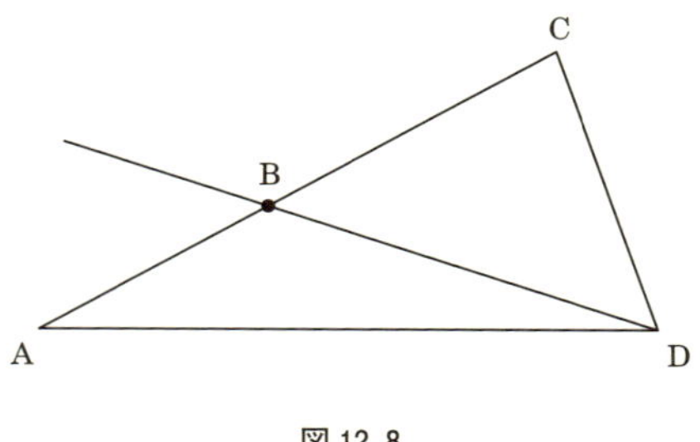

図 12.8

る．P を $\mathbb{P}_2(K)$ の任意の点とすると，直線 AP は本来の直線である．ゆえに，半直線 $\overrightarrow{\mathrm{AP}}$ 上には AB ≡ AC を満たす点 C ∈ $\mathscr{H}$ が取れる．さらに $\mathscr{H}$ の凸性によって線分 AC は $\mathscr{H}$ の部分集合である．これによって A を中心とする半径 AB の円とその内部は $\mathscr{H}$ の部分集合であることが示せた． □

12.5 対称双1次形式の導入

本節については Bachmann 他編集の[28]，Chapter 3 と Chapter 5，および Ewald[31]，Chapter 7 を参照．また対称双 1 次形式，および 2 次形式の一般論は[28]，CHAPTER 3，あるいは彌永=小平『現代数学概説 I』([20])，第 8 章「二次形式」を参考にするとよい．

計量平面 $\mathscr{H}$ において直線 a と直線 b が $a \perp b$ である，すなわち垂直に交わるための条件は $\ell(b)$ が $\ell(a)$ の極 $P(a)$ を通ることである．直線 a に極 $P(a)$ を対応させる写像はユークリッド平面の場合には，長方形が存在するために 1 対 1 ではないのだが，巧妙に選ぶことによって，極と極点という対応を $\mathbb{P}_2(K)$ の相反変換[11] に拡大することができる．記号の節約のために，この写像も P で済ませよう．そこで，3 次元ベクトル空間 $V_3(K)$ において

$$f(\vec{x}, \vec{y}) = \vec{x}(P(\vec{y}))$$

と定義する．ただし左辺の $\vec{x}, \vec{y}$ は $V_3(K)$ の元であるが，右辺のそれらは直線を表すものとする．すなわち $\vec{x} = (x_1, x_2, x_3)$ に対して，直線 $x_1 x + x_2 y + x_3 z = 0$ を対応させるのである．また点 A $= (a_1, a_2, a_3)$ に対して $\vec{x}(\mathrm{A}) = x_1 a_1 + x_2 a_2 + x_3 a_3$ である．このとき，

$$\vec{x}(P(\vec{y})) = \vec{y}(P(\vec{x}))$$
$$(\vec{x} + \vec{x}')(P(\vec{y})) = \vec{x}(P(\vec{y})) + \vec{x}'(P(\vec{y}))$$
$$(\alpha\vec{x})(P(\vec{y})) = \alpha(\vec{x}(P(\vec{y}))), \quad \alpha \in K$$

が成り立つ．$\vec{x}, \vec{y}$ が $\mathscr{H}$ の直線を表す場合の極と極線の関係が最初の等式で表現されている．ほかの2式は書いてみればわかることである．したがって f は K 上の対称双1次形式である．そして $\mathscr{H}$ の直線(本来の直線) $\vec{x}, \vec{y}$ に対しては

$$\vec{x} \perp \vec{y} \Longleftrightarrow f(\vec{x}, \vec{y}) = 0$$

が成り立つ．

そこで，f を $V_3(K)$ の内積として採用(したがって，$\mathbb{P}_2(K)$ の2直線 $\vec{a}, \vec{b}$ の直交を $f(\vec{a}, \vec{b}) = 0$ によって定義)して得られる(線形代数で言われる意味での)計量空間を $V_3(K, f)$ と書く[12]．この内積の意味で直交基底を作れば，対称双1次形式 f に対応する3次行列は対角行列となる．したがって

$$f(\vec{x}, \vec{y}) = k_1 x_1 y_1 + k_2 x_2 y_2 + k_3 x_3 y_3$$

であるとしてよい．ここに $k_i \in K\ (i = 1, 2, 3)$，かつ $k_1 \neq 0$，$k_2 \neq 0$ である．

対称双1次形式 f を備えた斉次座標射影的完備化を $\mathbb{P}_2(K, f)$ と書くことにする．計量平面 $\mathscr{H}$ の直線 c に関する鏡映 R_c は $\mathbb{P}_2(K, f)$ の，本来の理想直線 $\ell(c)$ を不動軸とし，c の極 $L(c)$ を不動点とする[13]対合的かつ f を保存する共線変換に一意的に拡張される(Ewald[31]，Theorem 7.7.2 および Theorem 7.11.1)．射影平面とベクトル空間 $V_3(K, f)$ との対応によってこの対合的共線変換に対応する $V_3(K, f)$ の線型変換を $\widetilde{R}_c$ と書けば，f を保存するとは

$$f(\widetilde{R}_c(\vec{x}), \widetilde{R}_c(\vec{y})) = f(\vec{x}, \vec{y})$$

を満たすことである．

f を不変に保つような $V_3(K, f)$ の線型変換であって行列式が $+1$ であるようなものの全体の成す群を f に関する**固有直交群**と名付け，$O_3^+(K, f)$ と記す．先に述べたような性質を持つ対合的共線変換は行列式 $+1$ を持つことが証明できるので，以上をまとめて次を得る：

定理12.1　計量平面の基本定理

計量平面 $\mathscr{H}$ は対称双1次形式 f を持つ射影計量平面 $\mathbb{P}_2(K, f)$ に埋蔵できて，次のような性質を持つ：

(1) $\vec{a}, \vec{b}$ が直線を表すベクトルのとき，これらの直線が直交する条件は

---

11) 点を直線に，直線に点を対応させる，結合関係を保存する変換を相反変換と言う．補遺参照．

12) $f(\vec{x}, \vec{x}) = 0 \Longleftrightarrow \vec{x} = \vec{0}$ は必ずしも成り立たないことに注意．

13) $L(c)$ が不動点とは $L(c)$ を通る直線は不変直線であることを言う．

$$f(\vec{a}, \vec{b}) = k_1 a_1 b_1 + k_2 a_2 b_2 + k_3 a_3 b_3 = 0$$

である．ここに k_1, k_2, k_3 は定数で，$k_1 k_2 \neq 0$ である．

(2) $\mathcal{H}$ の合同変換群は $O_3^+(K, f)$ のある部分群に同型である．

系　$\mathcal{H}$ が特に古典平面，すなわち座標体がユークリッド的順序体の計量平面であれば，直線 $\vec{a}, \vec{b}$ が直交する条件は

$$f(\vec{a}, \vec{b}) = a_1 b_1 + a_2 b_2 + k a_3 b_3 = 0 \qquad (k = 0, \pm 1)$$

で与えられる．

古典平面の座標体はユークリッド的なので，正元は平方数である．負の係数が二つ，あるいは三つある場合は $-f$ を f とすればよいので系が得られる．この k を**計量定数**と名付ける．

12.6 古典平面の分類

12.6.1●主結果 1

前節の結果を使って，計量定数 k によって古典平面を分類する．そのために術語を一つ用意する：

定義12.5　**完全部分平面**

計量平面 $\mathcal{H}_2$ が計量平面 $\mathcal{H}_1$ の完全部分平面であるとは，次の条件が成り立つことを言う：

(1) $\mathcal{H}_2$ は $\mathcal{H}_1$ の計量平面としての部分構造である．

(2) ℓ を $\mathcal{H}_1$ の直線とするとき $\ell \cap \mathcal{H}_2 \neq \emptyset$ ならば，$\ell \cap \mathcal{H}_2$ は $\mathcal{H}_2$ の直線である．逆に，$\mathcal{H}_2$ の直線は $\mathcal{H}_1$ の直線と $\mathcal{H}_2$ との共通部分である．

注 1　記述が複雑になるのを避けるために 2 条件の表現が(構造を台集合と混同するなど)直観的になっているが，意味は十分理解できるであろう．

2　$\mathcal{H}_2$ が $\mathcal{H}_1$ と一致する場合も完全部分平面に含めていることに注意．

命題12.8　$k = -1$ の場合，古典平面 $\mathcal{H}$ はクラインの円盤モデル $\mathcal{K}_2(K)$ の完

全部分平面と同型である．したがって特に $\Delta > 0$ が成り立つ，すなわち半双曲的である．

証明 $\mathscr{H}$ はユークリッド的順序体 K 上の対称双1次形式 $f_{-1} = x_1y_1 + x_2y_2 - x_3y_3$ を備えた斉次座標射影的完備化 $\mathbb{P}_2(K, f_{-1})$ に埋蔵されているとし，$\mathrm{O} \in \mathscr{H}$ とする．

f_{-1} は固有直交群 $O_3^+(K, f_{-1})$ のすべての元によって不変であるから，特に2次形式 $f_{-1}(\vec{x}, \vec{x}) = x_1^2 + x_2^2 - x_3^2$ も不動である．そこで曲線

$$\Gamma : x_1^2 + x_2^2 - x_3^2 = 0$$

を扱う．考えやすくするために，無限遠直線 $\ell_\infty = \ell(\mathrm{O})$ を取り除いて非斉次座標で扱うことにすると，

$$\Gamma : x^2 + y^2 = 1$$

と表せる．Γ で囲まれる領域を Π とする：

$$\Pi : x^2 + y^2 < 1$$

$\mathscr{H} \subseteq \Pi$ を証明しよう．まず，P を Γ 上の点とする．仮に $\mathrm{P} \in \mathscr{H}$ と仮定すると，P における接線は本来の直線である．$\mathrm{A} = (x_0, y_0)$ とすると，接線 α は $x_0x + y_0y - 1 = 0$ と表せる．$x_0^2 + y_0^2 - (-1)^2 = 0$ なので，本来の直線 α が自分自身と直交することになる．これは計量平面の公理 P3 に反する．したがって Γ 上の点は $\mathscr{H}$ に属さない．このことから $P \notin \Pi$ ならば $P \notin \mathscr{H}$ が簡単にわかる．ゆえに $\mathscr{H} \subseteq \Pi$ である．

次に，$\mathbb{P}_2(K, f_{-1})$ の直交関係および不動直線と不動点を持つ対合的共線変換を Π に制限することによって垂直性 $\perp$ と鏡映を定義して得られる構造がちょうどクライン・モデル $\mathscr{K}_2(K)$ と一致することがわかる．というのは，$\vec{a} \perp \vec{b}$ は $f_{-1}(\vec{a}, \vec{b}) = 0$ で定義されるので，たしかに $\mathscr{K}_2(K)$ での垂直関係と一致する．また $\mathscr{K}_2(K)$ の鏡映 R_c は $\mathbb{P}_2(K, f_{-1})$ の本来の直線 $\ell(c)$ を不動軸とし，その極 $P(c)$ を不動点とする対合的共線変換から得られることも知られている(Greenberg[42]，THEOREM 7.3 参照)．したがって，Π には $\mathscr{K}_2(K)$ と同型な構造を持たせることができるからである．同時に，$\mathscr{H}$ は $\Delta > 0$ を満たすこともわかったことになる．□

命題12.9 $k = 0$ の場合，古典平面 $\mathscr{H}$ はデカルト座標平面 $\mathscr{C}_2(K)$ の完全部分平面に同型である．したがって特に $\Delta = 0$ が成り立つ，すなわち半ユークリッド的である．

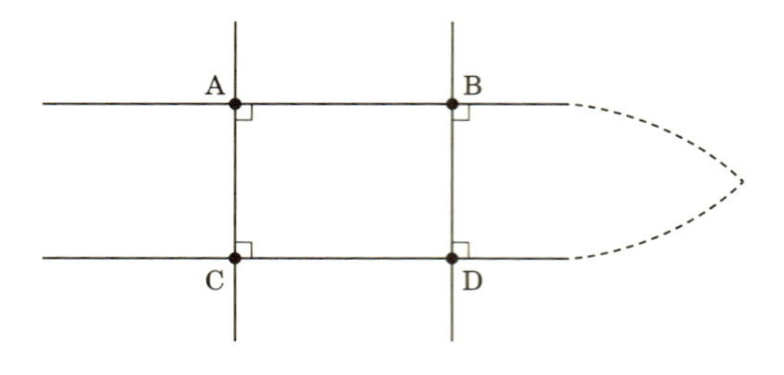

図 12.9

証明　$k=0$ の場合，直交条件は $f_0 = x_1y_1+x_2y_2 = 0$ である．この条件から長方形 ABCD の存在がわかる(図 12.9 参照)．仮に直線 AB が直線 CD と交わるならば，異なる 2 直線 AC, BD が同じ極を持つことになり，補題 12.2(2)に反する．したがって $\mathscr{H}$ は非楕円的である．ゆえに，$\mathscr{H} \subseteq \mathscr{A}_2(K, f_0)$ である．

さらに $\mathscr{A}_2(K, f_0)$ はデカルト座標平面 $\mathscr{C}_2(K)$ と同一の直交条件を持つことになる．また不動直線 c と不動点 $P(c)$ $(\in \ell_\infty)$ を持つ $\mathbb{P}_2(K, f_0)$ の，直交関係を保つ対合的共線変換は $\mathscr{C}_2(K)$ では鏡映を表している．そしてすべての鏡映から生成される群がちょうど $\mathscr{C}_2(K)$ の合同変換群である．したがって $\mathscr{A}_2(K, f_0)$ は $\mathscr{C}_2(K)$ と同型な計量平面である．

$\mathscr{H}$ は $\mathscr{C}_2(K)$ の完全部分平面であるから $\Delta = 0$ も確かに成り立つ．□

命題12.10　$k = +1$ の場合，古典平面 $\mathscr{H}$ は楕円幾何のクライン・モデル $\mathscr{S}_2(K)$ の完全部分平面に同型である．したがって特に $\Delta < 0$，すなわち半楕円的である．

証明　$\mathscr{H}$ がユークリッド的順序体 K 上の対称双 1 次形式

$$f_1(\vec{x}, \vec{y}) = x_1y_1+x_2y_2+x_3y_3$$

を備えた斉次座標射影平面 $\mathbb{P}_2(K, f_1)$ に埋蔵されている場合を考えている．2 次形式

$$f_1(\vec{x}, \vec{x}) = x^2+y^2+z^2$$

は $O_3^+(K, f_1)$ のすべての変換によって不変である．

デカルト座標空間 $\mathscr{C}_3(K)$ における球面

$$S : x^2+y^2+z^2 = 1$$

において対蹠点を同一視して得られる射影平面を S^* とする．斉次座標で

表された点 $[x, y, z] \in \mathbb{P}_2(K, f_1)$ に対して S^* 上の点 $(x, y, z)^*$ を対応させる写像 $\varphi : \mathbb{P}_2(K, f_1) \to S^*$ を考える．K はユークリッド的順序体であるから，斉次座標で表された任意の点 $[x, y, z]$ から $x^2+y^2+z^2 = 1$ なる代表を選ぶことができるので，写像 φ は全単射である．

S^*，すなわち $\mathbb{P}_2(K, f_1)$ に $\mathscr{H}$ を完全部分平面に持ち，12.3 節で定義した $\mathscr{S}_2(K)$ と同型になるような計量平面の構造が与えられることを示そう．

$\mathbb{P}_2(K, f_1)$ の直線は S^* で考えれば，原点 O を通る大円の対蹠点を同一視した曲線であり，その直交条件は 12.3 節で定義した $\mathscr{S}_2(K)$ における直交条件と一致する．

固有直交群 $O_3^+(K, f_1)$ の元は，単位球面 S においては回転写像を与える．S^* 上では対蹠点を同一視する関係上，回転は鏡映と一致するので，S^* に自然に鏡映が導入される．このようにして S^* は計量平面としての構造を持つことになるが，この構造はクライン・モデル $\mathscr{S}_2(K)$ そのものである．$\mathscr{H}$ が $\mathbb{P}_2(K, f_1)$ の完全部分平面であることはわかっている．また $\mathscr{S}_2(K)$ では $\Delta < 0$ が成り立っているので $\mathscr{H}$ においても同様である． □

以上を総合して，次の定理が証明されたことになる：

定理 12.2 $\mathscr{H}$ を古典平面，すなわちユークリッド的順序体を座標体として持つ計量平面とすると，次が成り立つ：

(1) $\Delta = 0$，すなわち半ユークリッド的である場合は，$\mathscr{H}$ はあるユークリッド的順序体 K 上のデカルト座標平面 $\mathscr{C}_2(K)$ の完全部分平面と同型である．

(2) $\Delta > 0$，すなわち半双曲的である場合は，$\mathscr{H}$ はあるユークリッド的順序体 K 上のクラインの円盤モデル $\mathscr{K}_2(K)$ の完全部分平面と同型である．

(3) $\Delta < 0$，すなわち半楕円的である場合は，$\mathscr{H}$ はあるユークリッド的順序体 K 上の楕円幾何のクライン・モデル $\mathscr{S}_2(K)$ の完全部分平面と同型である．

たとえば，$\mathscr{C}_2(K)$ の完全部分平面と言うとき，$\mathscr{C}_2(K)$ に一致する場合を含むことを再度注意しておく．

12.6.2●主結果 2

典型的な古典平面 $\mathscr{C}_2(K), \mathscr{K}_2(K), \mathscr{S}_2(K)$ の真の完全部分平面となる古典平面はどのようなものかを調べるのだが，楕円幾何のクライン・モデル $\mathscr{S}_2(K)$ の場合でも，その真の完全部分平面は非楕円的平面，したがってヒルベルト平面であることに注意しよう．

ヒルベルト平面 $\mathscr{H}$ が上記の三つの古典平面のいずれかの完全部分平面となる必要十分条件は Pejas[19] で決定された(詳細な解説が Hessenberg=Diller [25]，§67 にある)．詳しく言えば，座標体 K の部分集合 M がある完全部分平面 $\mathscr{H}$ の座標集合となる，すなわち $M = \{x \in K \mid (x, 0) \in \mathscr{H}\}$ となるための条件を与えられた．しかし，その内容はかなり複雑なものなので，ここでは理解を容易にするために，少し異なった見地から検討することにする．ペーヤスの結果ほど決定的ではないが，双曲平面の場合，ユークリッド平面の場合，楕円平面の場合と三つに分けて考えるので，具体性があって，われわれが関心を有する範囲ではこれで十分だろう．

$\mathscr{H}$ をヒルベルト平面とすると，$\mathscr{A}_2(K)$ の中で，その線分の同値類は線分の向きを考慮しない和の演算によって可換半群を成す．これを**線分算の半群**と呼び，G と表す．

デカルト平面 $\mathscr{C}_2$ の場合は，G は座標体 K の正元の全体 $K_{>0}$ が加法に関して成す可換半群と同型である．双曲幾何の上半平面モデル $\mathscr{H}_2^+(K)$ の場合は，G は座標体 K の 1 より大きい数の全体 $K_{>1}$ が乗法に関して成す可換半群と同型である．これは端点の乗法が線分の加法を使って定義されていることからわかる．また，楕円幾何のモデル $\mathscr{S}_2(K)$ の完全部分平面の場合は，G は正の円周角の和の成す半群(ただし，和が $2\angle R$ 以上になることはない)である．

G の部分半群 G_0 が凸である条件は，$0 < y < x$, $x \in G_0$ ならば $y \in G_0$ であることに注意しよう．次の定理はハーツホーン[37]，命題 43.5 による：

定理 12.3 $\mathscr{H}$ をヒルベルト平面とし，G を $\mathscr{H}$ の線分算の半群とする．

(1) $\mathscr{H}_0$ が $\mathscr{H}$ の完全部分平面であれば，$\mathscr{H}_0$ の線分算の半群 G_0 は G に埋蔵されて，その像も G_0 と記せば，G_0 は G の凸なる部分半群である．

(2) $G_0 (\neq \{0\})$ を G の凸部分半群とする．点 $\mathrm{O} \in \mathscr{H}$ を取って固定する．このとき

$$\mathscr{H}_0 = \{\mathrm{X} \in \mathscr{H} \mid [\mathrm{OX}] \in G_0\}$$

(ここに [OX] は線分 OX の属する同値類を表す)と置けば，$\mathscr{H}_0$

は$\mathscr{H}$の完全部分平面であり，G_0はその線分算の半群である．

(3) $\mathscr{H}_0, \mathscr{H}_1$を$\mathscr{H}$の完全部分平面とする．$\mathscr{H}_0$から$\mathscr{H}_1$の上への同型写像を与える$\mathscr{H}$の合同変換が存在するためには，$G_0 = G_1$が必要十分である．ここに$G_0$は$\mathscr{H}_0$の，$G_1$は$\mathscr{H}_1$の線分算の半群である．

系 ヒルベルト平面$\mathscr{H}$が線分の加法の意味でアルキメデスの公理を満たすならば，$\mathscr{H}$は真の完全部分平面を持たない．

証明 $\mathscr{H}$がアルキメデスの公理を満たすということは線分算の半群Gがアルキメデスの公理を満たすことと同値である．$G_0 (\neq \{0\})$を完全部分平面$\mathscr{H}_0$の線分算の半群とすれば，G_0はGの凸部分半群なので，Gがアルキメデスの公理を満たすことから$G_0 = G$が従う． □

命題12.11 ヒルベルト平面$\mathscr{H}$においてアルキメデスの公理が成り立つことは，その座標体Kがアルキメデスの公理を満たすことと同値である．

証明 $\mathscr{H}$をヒルベルト平面，Gをその線分算の半群として，Gでアルキメデスの公理が成り立つと仮定する．

ユークリッド平面の場合は，Gは正元の成す可換半群$K_{>0}$の部分半群である．$a, b \in K_{>0}$とすると，$\frac{a}{c}, \frac{b}{c} \in G$を満たす$c \in K_{>0}$が取れる．このとき$\frac{b}{c} < n \cdot \frac{a}{c}$なる$n$が存在するから$b < n \cdot a$である．

双曲平面の場合は，Gは乗法半群$K_{>1} = \{x \in K \mid x > 1\}$の部分半群である．乗法半群$K_{>1}$がアルキメデスの公理を満たすことと加法半群$K_{>0}$がアルキメデスの公理を満たすこととは同値である．なぜなら，与えられたnに対して$1 + n \cdot a \leqq (1+a)^n$が成り立ち，また$(1+a)^n \leqq 1 + m \cdot a$を満たす$m$が取れるからである．

Gがアルキメデスの公理を満たすとする．$a, b \in K_{>0}$とすると，$1 + \frac{a}{c}, 1 + \frac{b}{c} \in G$なる$c \in K_{>1}$の存在が$G$の凸性によって保証される．このとき$1 + \frac{b}{c} \leqq \left(1 + \frac{a}{c}\right)^n \in G$なる$n$がアルキメデスの公理によって存在する．そこで$\left(1 + \frac{a}{c}\right)^n \leqq 1 + m \cdot \frac{a}{c}$なる$m$を取って$c$を払えば，$b \leqq m \cdot a$を得る．ゆえに，加法半群$K_{>0}$もアルキメデスの公理を満たすことになる．

逆に$K_{>0}$がアルキメデスの公理を満たすとすると，明らかに$K_{>0}$の部分半群も$K_{>1}$の部分半群もアルキメデスの公理を満たす．

楕円平面の場合は円周角の和の考察に還元されるのだが，この場合も今までの考察から類似性が明瞭に見て取れるだろうから，証明は省略する．

□

定理 12.3 の系と命題 12.11 によって次が証明されたことになる．

定理12.4 古典平面$\mathscr{H}$の座標体Kがアルキメデスの公理を満たせば，次が成り立つ：

(1) $\Delta = 0$ならば$\mathscr{H}$は座標体K上のデカルト平面$\mathscr{C}_2(K)$に同型である．

(2) $\Delta > 0$ならば$\mathscr{H}$は座標体K上の双曲幾何の上半平面モデル$\mathscr{H}_2^+(K)$に同型である．

(3) $\Delta < 0$ならば$\mathscr{H}$はある座標体K上の楕円幾何のクライン・モデル$\mathscr{S}_2(K)$に同型である．

線分算の凸部分半群を完全に決定することは，ユークリッド的順序体Kの構造に依存するので，一筋縄ではいかない．Pejas[19]の結果を線分算の半群で表現することは可能だろうけれども，ここでは以下の考察をするに止め，これ以上は検討しないことにする．

たとえば，非アルキメデス的なユークリッド的順序体KにおいてG_0を無限小の正数の成す半群，あるいは有限の正数の成す半群とすれば，G_0は$K_{>0}$の凸部分半群を成すので，それぞれに対応する$\mathscr{H}_0$はデカルト平面$\mathscr{C}_2(K)$の完全部分平面となる．

同様にして，乗法半群$K_{>1}$の中で，

$G_1 = \{1+x \mid x$ は $K_{>0}$ の無限小数$\}$

とすれば，G_1は$K_{>1}$の凸部分半群となるので，G_1に対応してポアンカレの上半平面モデル$\mathscr{H}_2^+(K)$の真の完全部分平面が存在することになる．

円群の部分半群の場合，Gを原点から測った円周角$(\mathrm{mod}\ 2\angle R)$の全体として，凸部分半群$G_0$が一つでも有限数$\bar{a}$（ある有理数より大きい数）を持てば，$G_0 = G$となる．$G_0$を無限小数の成す半群とすれば$G_0$はある点から無限小の距離にある点（円周角が無限小の点）の全体の成す完全部分平面の線分算の半群となっている．

12.7 グリーンバーグの定理

グリーンバーグ([33])は定理 12.4 の系におけるアルキメデスの公理 Am をアリストテレスの公理 At で置き換えることに成功した．At は初等絶対幾何 $\mathbb{A}_0$ の(すなわち，言語 $\{B, D\}$ の 1 階述語論理で表現できる)命題なので，これは重要な貢献である．実際に使われるのはアリストテレスの公理の次の系である：

補題 12.3　アリストテレスの公理の系

初等絶対幾何 $\mathbb{A}_0$ において A を直線 ℓ 上にない点とする．また $\angle\alpha$ を任意に与えられた鋭角とする．このとき AP と ℓ の成す角が $\angle\alpha$ より小さくなる点 P が ℓ 上に存在する(図 12.10 右参照)．

証明　A から ℓ に下した垂線の足を B とする．また $\angle\alpha = \angle XOY$ とする(図 12.10 左参照)．公理 At から $XY > AB$, $XY \perp OY$ となるように X, Y を取り直すことができる．次に，BA を延長して $BC = YX$ となるように C を取る．さらに $BP = YO$ となるように P を直線 ℓ 上に取る．このとき $\angle XOY = \angle CPB > \angle APB$ である．□

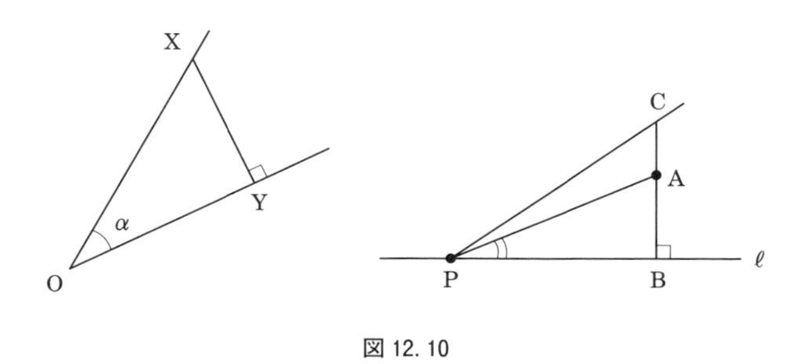

図 12.10

定理 12.5　グリーンバーグ

$$\mathbb{A}_0 \models At \leftrightarrow E \vee H$$

証明　At が成り立つならば，第 6 章で証明したサッケーリの第 2 定理(グリーンバーグ版)によって，$\Delta = 0$，あるいは $\Delta > 0$ としてよい．したがって，$\mathscr{H}$ がヒルベルト平面ならば，K をユークリッド的順序体として，

$\Delta > 0$の場合は$\mathscr{H}$はクライン・モデル$\mathscr{K}_2(K)$の，また$\Delta = 0$の場合は$\mathscr{H}$はデカルト座標平面$\mathscr{C}_2(K)$の完全部分平面に同型である．ゆえに，$\mathscr{H}, \mathscr{H}'$をヒルベルト平面として，$\mathscr{H}$が$\mathscr{H}'$の完全部分平面であるならば，$\mathscr{H}$におけるAtの仮定の下に，$\mathscr{H} = \mathscr{H}'$であることを証明すればよい．

仮に$\mathrm{C}' \in \mathscr{H}'$だが，$\mathrm{C}' \notin \mathscr{H}$なる点C′があるとせよ．$\mathscr{H}$の点Oを一つ選ぶと，直線OC′は本来の理想直線であるから，$\ell(a)$と表せる．そこで$\mathrm{B}\ (\neq \mathrm{O}) \in \mathscr{H}$かつ$\mathrm{B} \notin \ell(a)$なる点Bを取る．$\angle \mathrm{BC'O}$は$\mathscr{H}$の角に合同である．なぜなら，$\mathscr{H}'$がヒルベルト平面であることを使って，$\angle \mathrm{BCO'}$と合同な角をOの近傍に作ることができるが，$\mathscr{H}$は開集合なので，その角は$\mathscr{H}$に属するからである．Cを半直線$\overrightarrow{\mathrm{OC'}}$上にある$\mathscr{H}$の任意の点とすると，$\mathscr{H}$の凸性によってCはOとC′の間にあることがわかる．したがって，外角定理によって$\angle \mathrm{BCO} > \angle \mathrm{BC'O}$が常に成り立つ(図12.11参照)．しかし，これは補題12.3に矛盾する．ゆえに，$\mathrm{C}' \in \mathscr{H}$でなくてはならない．

逆に，デカルト平面や双曲平面ではAtは明らかに成り立つから，逆向きも成り立つ．□

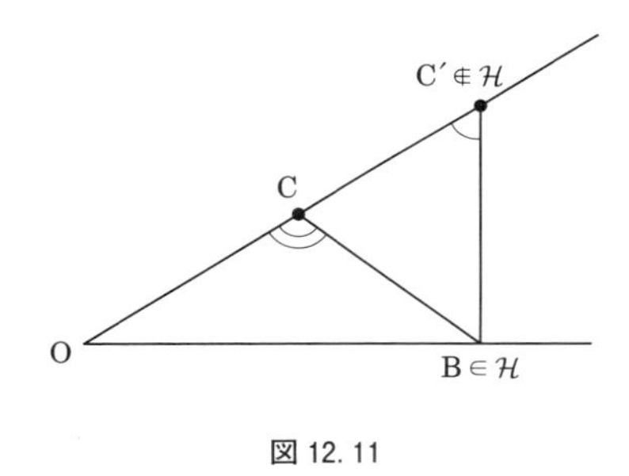

図 12.11

本定理に完全性定理を適用して，次を得る：

系

$$\mathbb{A}_0 \vdash \mathrm{At} \leftrightarrow \mathrm{E} \vee \mathrm{H}$$

初等絶対幾何においてアリストテレスの公理を仮定すると，ユークリッドの平行線の一意性を否定すれば，限界平行線の存在が言えるというのである．不思議と言えば不思議ではなかろうか？

総括するなら，**初等幾何の公理系にアリストテレスの公理を加えた体系**

(A+B+C+CC+At) **が伝統的な幾何学の大綱で，これに平行線に関する公理を加えることでユークリッド幾何と双曲幾何が生じ，これ以外の幾何は存在しない**ということである．

12.8 補遺　計量平面の定義

計量平面の公理系は通常，「ab が対合的，すなわち $(ab)^2 = e$（単位元）のとき，ab は点 A を表す」といった形式で表現される（Bachmann[26]他）．その意味を幾何的に解釈すると，直線 a に関する鏡映を R_a と記すと，R_aR_b が恒等写像になるのは a と b が垂直に交わる場合である．そこでそれらの交点 A を $\mathrm{P} = ab$ と記すということになる．きわめて美しくも簡潔な記述の理論であるが，難点はこうした記号が重なってくると直観的に捉えることが段々困難になるということであろう．そこでこの補遺では，Ewald[31]に倣って，幾何学的な直観を保った記述の道を選ぶことにする．もとの公理系に比べて幾分複雑になるが，ずっと意味を把握しやすくなる．

以下において，「点」，「直線」，「上にある」，「垂直」は無定義述語である．たとえば「点 P は a の上にある」という言い方をしても，必ずしも P が直線 a の要素である（すなわち $\mathrm{P} \in a$）という意味とは限らない．しかし，そういう風に理解していても以下を読むには差しさわりはない．

二つの集合 $\mathscr{P}$ と $\mathscr{L}$ が与えられているとする．$\mathscr{P}$ を点の集合と言い，その要素を大文字 P, Q, … によって表す．$\mathscr{L}$ を直線の集合と言い，その要素を小文字 $a, b, \cdots$ によって表す．そして

$$\mathrm{P}\ \mathrm{I}\ a$$

を「P は a の上にある」，あるいは「a は P を通る」と読む．また

$$a \perp b$$

を「直線 a は直線 b に垂直である」と読む．

I　結合の公理群

- **公理 I1**：二つの異なった点が与えられると，その 2 点を通る直線が一つだけ存在する：A, B（$\mathrm{A} \neq B$）のとき A I a かつ B I a なる a がただ一つ存在する．
- **公理 I2**：直線が与えられると，その上には少なくとも三つの異なる点が存在する：各 a に対して A I a, B I a, C I a を満たす相異

なる A, B, C が存在する．

- **公理 I3**：同一直線上にはない点が少なくとも三つ存在する．

P　**垂直性の公理群**

- **公理 P1**：$a \perp b$ ならば，$b \perp a$ である．
- **公理 P2**：点 P と直線 a があるとき，P を通る直線 b で $a \perp b$ を満たすものがある．P が a の上にあるときは，b は一意的に定まる．
- **公理 P3**：$a \perp b$ ならば，a は b とただ 1 点で交わる[14]．

鏡映に関する公理群を述べる前に，用語を二，三準備する．

定義12.6　**共線変換・相反変換**

(1) $\mathcal{P}$ から $\mathcal{P}$ への全単射であり，同時に $\mathcal{L}$ から $\mathcal{L}$ への全単射である T が結合関係を保存するとき，すなわち

$$P \mathrm{I} a \Longrightarrow T(P) \mathrm{I} T(a)$$

が成り立つとき共線変換(collineation)であると言う．

(2) $\mathcal{P}$ から $\mathcal{L}$ への全単射であり，同時に $\mathcal{L}$ から $\mathcal{P}$ への全単射である T が結合関係を保存するとき，相反変換(correlation)であると言う．

(3) 共線変換(あるいは相反変換) T が $T^2 = I$ (恒等変換)を満たすとき，**対合的**(involutory)であると言う．

定義12.7　**鏡映**

$R\ (\neq I)$ が鏡映(reflection)であるとは，次の条件が満たされることを言う：

(1) R は対合的共線変換である．

(2) R は垂直性を保つ．すなわち

$$a \perp b \Longrightarrow R(a) \perp R(b)$$

(3) ある直線 a があって，a は R の**不動直線**(fixed line)である．すなわち a の各点は R によって不動である．この a を R の**軸**と名付ける．

M　鏡映の公理群

- **公理 M1**：a を軸とする鏡映 R が一つだけ存在する．この R をしばしば R_a と記す．
- **公理 M2（自由可動性）**：
  (1) a, b を交わる2直線とするとき，$R(a) = b$ を満たす鏡映 R が存在する．
  (2) A, B を異なる点とするとき，$R(A) = B$ を満たす鏡映 R が存在する．

定義12.8　計量平面

結合の公理群 I，垂直性の公理群 P，鏡映の公理群 M をすべて満たす構造 $(\mathcal{P}, \mathcal{L}, \mathrm{I}, \perp)$ を計量平面(metric plane)と呼ぶ．

計量平面における鏡映の不動点と**不変直線**(inuariant line：全体として不動な直線)に関しては次が成り立つ(証明は[31]，Chapter 1 参照)：

命題12.12

(1) 鏡映 R_a の不変直線は a と垂直な直線の全体である．
(2) 楕円的な場合[15]，鏡映 R_a の不動点は a の各点と a の極である．
(3) 非楕円的な場合は，鏡映 R_a の不動点は a の各点である．

定義12.9　合同変換

計量平面 $\mathcal{H}$ において，すべての鏡映から生成される変換の群を $\mathcal{H}$ の合同変換群と言って，$G(\mathcal{H})$ と記す．また $G(\mathcal{H})$ の元を合同変換と言う．

定義12.10　線分の合同

$\mathcal{H}$ を計量平面とする．2点 A, B の組を線分と呼び，AB と記す．二つの線分 AB, CD に対して $T(\mathrm{AB}) = \mathrm{CD}$ となる合同変換 T が存在するとき線分 AB は線分 CD に合同であると言って

$$\mathrm{AB} \equiv \mathrm{CD}$$

と表す．

---

14) ある点 P が2直線 a, b の上にあるとき，a, b は P で交わる，あるいは P は a, b の交点であると言う．
15) すべての2直線が交わるとき，計量平面は楕円的と言われる．極という用語とともに第12.3節参照．

命題12.13 線分の合同関係 $\equiv$ に対して次が成り立つ：

(1) $\mathrm{AB} \equiv \mathrm{BA}$

(2) $\mathrm{AB} \equiv \mathrm{AB}$

(3) $\mathrm{AB} \equiv \mathrm{CD}$ ならば $\mathrm{CD} \equiv \mathrm{AB}$

(4) $\mathrm{AB} \equiv \mathrm{CD}$，かつ $\mathrm{CD} \equiv \mathrm{EF}$ ならば $\mathrm{AB} \equiv \mathrm{EF}$

鏡映は対合的であることと公理 M2 (2)から(1)がわかる．それ以外は合同変換の全体が群を成すことから明らかである．

定義12.11 **順序計量平面**

計量平面 $\mathscr{H}$ に 3 項関係 B があって，間の公理群 B をすべて満たし，さらにすべての合同変換 T に対して

(B6) $\mathrm{B}(\mathrm{A}, \mathrm{B}, \mathrm{C}) \Longrightarrow \mathrm{B}(T(\mathrm{A}), T(\mathrm{B}), T(\mathrm{C}))$

が満たされるとき，$\mathscr{H}$ は順序計量平面であると言う．

命題12.14 順序計量平面 $\mathscr{H}$ は非楕円的である．

証明 命題 12.2 によって，どの直線も極を持たないことを証明すればよい．仮に P が a の極であるとしよう．A を a 上の点とし，$\mathrm{B}(\mathrm{P}, \mathrm{B}, \mathrm{A})$ なる点 B を取る．$\mathrm{B}' = R_a(\mathrm{B})$ と置く．$\mathrm{B} \neq \mathrm{P}$ なので，命題 12.2(2)によって $\mathrm{B}' \neq \mathrm{B}$ である．$R_a(\mathrm{A}) = \mathrm{A}$，$R_a(\mathrm{P}) = \mathrm{P}$ であるから，間の関係が R_a によって保たれることによって $\mathrm{B}(\mathrm{P}, \mathrm{B}', \mathrm{A})$ が得られるが，これは $\mathrm{B}(\mathrm{B}, \mathrm{B}', \mathrm{A})$ または $\mathrm{B}(\mathrm{B}', \mathrm{B}, \mathrm{A})$ を意味する．どちらでも同じことだから，仮に $\mathrm{B}(\mathrm{B}, \mathrm{B}', \mathrm{A})$ とすると，公理 B6 によって $\mathrm{B}(\mathrm{B}', \mathrm{B}, \mathrm{A})$ となって間の公理 B4 に矛盾する． □

参考文献

[1] Heath, T. L., *The Thirteen Books of Euclid's Elements* (1908：Dover から第 2 版が復刊されている)

[2] エウクレイデス『原論』(邦訳：池田美恵他訳『ユークリッド原論』(共立出版)：斎藤憲・三浦伸夫訳『エウクレイデス全集』第 I 巻(東京大学出版会)

[3] Proclus: *A Commentary on the First Book of Euclid's Elements*, translated by G. R. Morrow (Princeton University Press)

[4] デカルト『幾何学』(『デカルト著作集』第 1 巻収載：白水社)

[5] Saccheri, G., *Euclides ab Omni Naevo Vindicatus* (1733), translated by G. B. Halsted (1920)

[6] Legendre, A. M., *Éléments de Géométrie* (1794-1823)

[7] Frege, G., *Grundlagen der Arithmetik* (1884)：『フレーゲ著作集』(勁草書房)第 2 巻として邦訳あり.

[8] Hilbert, D., *Grundlagen der Geometrie* (1899：7th ed. 1930)：ヒルベルト『幾何学の基礎』(共立出版：第Ⅶ版の邦訳)

[9] Dehn, M., *Die Legendre'schen Sätze über die Winkelsumme im Dreieck*, Math. Ann. **53** (1900)

[10] Hessenberg, G., *Beweis des Desargues'schen Satzes aus dem Pascal'schen*, Math. Anal. **61**, 161-172 (1905)

[11] Hjelmslew, J., *Neue Begründung der ebenen Geometrie*, Mathematische Annalen **64**, 449-474 (1907)

[12] Schur, F., *Grundlagen der Geometrie* (1909)

[13] Bonola, R., *Non-Euclidean Geometry* (1912：イタリア語版(1906)の英訳；現在 Dover 版がある)

[14] Einstein, A., *Geometrie und Erfahrung* (1921)：『アインシュタイン選集』3 (共立出版)に邦訳あり.

[15] Landau, F., *Grundlagen der Analysis* (1930：英訳 *Foundations of Analysis* (Chelsea))

[16] Coxeter, H., *Non-Euclidean Geometry* (1942)

[17] Borsk, K. =Szmielew, W., *Foundations of Geometry* (1960)：ポーランド版(1955)からの英訳.

[18] Tarski, A., *What is elementary geometry*? (Symposium on the Axiomatic Method: 1959)

[19] Pejas, W., *Die Modelle des Hilbertschen Axiomensystems der absoluten Geometrie*, Math. Ann. **143**, 215-235 (1961)

[20] 彌永昌吉=小平邦彦『現代数学概説 I』(1961：岩波書店)

[21] Artin, E., *Geometric Algebra* (1957)

[22] Freudenthal, H., *Zur Geschichte der Grundlagen der Geometrie. Zugleich eine Besprechung der* 8. *Aufl. von Hiberts 'Grudlagen der Geometrie'*, Nieuw Archief voor Wiskunde (3) **5**, 105-142 (1957)：[8]の邦訳に収録されている.

[23] 近藤洋逸『幾何学思想史』(1966)：『近藤洋逸数学史著作集』(日本評論社)第１巻として復刊：『新幾何学思想史』(1966)：ちくま学芸文庫として復刊
[24] パガレロフ『幾何学の基礎』(1968)：邦訳 内田老鶴圃新社(1975)
[25] Hessenberg, G.=Diller, J., *Grundlagen der Geometrie* (1967)
[26] Bachmann, F., *Aufbau der Geometrie aus dem Spiegelungsbegriff* (1959; 2nd ed. 1973)
[27] 寺阪英孝『幾何とその構造』(1971：共立出版)
[28] Bachmann, F., Behnke, H. et al, ed., *Fundamentals of Mathematics*, Vol II *Geometry* (1973：ドイツ語版からの翻訳)
[29] A. Tarski, et al., *Metamathematische Methoden in der Geometrie* (1983: Springer)
[30] 寺阪英孝『非ユークリッド幾何の世界』(1985：講談社ブルーバックス)
[31] Ewald, G., *Geometry: An Introduction* (1971)
[32] Ziegler, M., *Einige unentscheidbare Körpertheorie* (1982): English translation by Beason, "*Some Undecidable Field Theories*"
[33] Greenberg, M. J., *Aristotle's Axiom in the Foundations of Hyperbolic Geometry*, J. of Geometry **33**, 53-57 (1988)
[34] 小林昭七『ユークリッド幾何から現代幾何へ』(1990：日本評論社)
[35] Stillwell, J., *Sources of Hyperboloc Geometry* (1996)
[36] Tarski, A.=Givant, S., *Tarski's System of Geometry*, Bull. Symb. Log. **5**, 175-214
[37] Hartshorne, R., *Geometry: Euclid and Beyond* (2000)：邦訳『幾何学』I, II(丸善出版)
[38] Hallett, M=Majer, U. eds., *David Hilbert's Lectures on the Foundations of Geometry*, 1891-1902 (2000: Springer)
[39] Torretti, R., *Philosophy of Geometry from Riemann to Poincaré* (2001)
[40] Ehrlich, P., *The Rise of non-Archimedean Mathematics and the Roots of a Misconception* I, Arch. Hist. Exact Sci. **60** (2006), 1-121
[41] Pambuccian, V., *Axiomatizations of hyperbolic and absolute geometries*, In *Non-Euclidean Geometries: János Bolyai Memorial Volume ed. by Prékopa=Molnár* (2005)
[42] Greenberg, M. J., *Euclidean and Non-Euclidean Geometries* (4th ed.: 2007)
[43] Pambuccian, V., *Book Reviews: David Hilbert's Lectures on the Foundations of Geometry*, 1891-1902, Philosophia Mathematica (III) vol. 21 No. 2, (2013)
[44] 『数学辞典』第４版(2007：岩波書店)
[45] Greenberg, M. J., *Old and New Results in the Foundations of Elementary Plane Euclidean and Non-Euclidean Geometries* (2010)
[46] 足立恒雄『数とは何か，また何であったか』(2011：共立出版)
[47] 新井敏康『数学基礎論』(2011：岩波書店)
[48] 菊池誠『不完全性定理』(2014：共立出版)
[49] Alexander, A., *Infinitesimal* (2014)：邦訳『無限小』(岩波書店)

索引

人名

数字・記号・アルファベット

あ行

か行

さ行

た行

は行

ま行

や行

ら行

足立恒雄
あだち・のりお

略歴
1941 年　京都府福知山市に生まれ.
1965 年　早稲田大学理工学部数学科卒業.
　　　　早稲田大学理工学部教授，早稲田大学理工学部長,
　　　　理工学術院長を経て,
　現在　早稲田大学名誉教授.
　専門　代数的整数論，数学思想

著書に,
『類体論へ至る道(改訂新版)』(日本評論社)
『フェルマーの大定理』(ちくま学芸文庫)
『無限の果てに何があるか』(角川ソフィア文庫)
『数の発明』(岩波科学ライブラリー)
『フレーゲ・デデキント・ペアノを読む』(日本評論社)
など多数.

よみがえる非(ひ)ユークリッド幾何(きか)

2019 年 8 月 30 日　第 1 版第 1 刷発行

著者 ―――― 足立恒雄
発行所 ―――― 株式会社 日本評論社
〒170-8474　東京都豊島区南大塚 3-12-4
電話 (03) 3987-8621 [販売]
(03) 3987-8599 [編集]
印刷所 ―――― 株式会社 精興社
製本所 ―――― 株式会社 難波製本
装丁 ―――― 山田信也(STUDIO POT)
図版 ―――― 溝上千恵

ISBN 978-4-535-78879-4